KB139961

jamovi

로 따라 하는

구조방정식
모형분석

jamovi

로 따라 하는

주지혁 지음

구조방정식
모형분석

ONE
POINT
LESSON

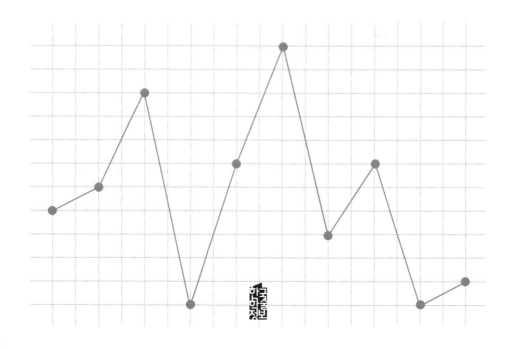

한국학술정보

대학 학부 수준의 보고서 작성이나 대학원 수준의 논문 작성 또는 직장 생활에서 기획서나 보고서 작성에서 주장을 뒷받침하고 현상을 이해하기 위해 통계분석 능력에 대한 필요가 증가하고 있다. 하지만 통계 학습 경험이 없거나 초학자의 경우 통계라고 하면 어렵고 복잡하다는 생각을 먼저 갖는다. 이러한 현실을 타개하기 위해 통계이론과 분석 실제에 대한 교육이 대학의 많은 전공에서 이루어지고 있다. 이 과정에서 충분한 실습을 통해 여러 가지 통계분석 기법을 익혀 실제로 활용할 수 있는 능력을 길러야 하지만 교육과정 속에서 이를 성취하기 어렵다. 이러한 문제점의 원인은 다양하겠지만 충분한 실습을 할 수 있는 널리 알려진 통계분석 소프트웨어 경우 유료이기 때문에 개인 소유가 어렵다는 점에서 찾을 수 있고, 무료 통계분석 소프트웨어의 경우 배우기가 어렵다는 점에서 찾을 수 있다. 예컨대 대중적으로 알려지고 교육 현장에서 많이 사용하는 SPSS와 같은 통계분석 소프트웨어는 높은 라이선스 가격으로 인해 학습자 개인의 컴퓨터에 설치하여 충분한 실습을 하기 어렵다. 이의 대안으로 등장한 R이나 Python과 같은 무료 통계 소프트웨어들은 스크립트 작성 또는 코딩이라는 컴퓨터 프로그래밍에 대한 이해가 필요하기 때문에 이에 관해서 지식이 없는 학습자에게는 다소 복잡하고 어렵다.

최근 무료이면서 배우기 쉬운 R 기반의 jamovi의 등장은 통계 학습자와 연구자들에게 가뭄에 단비 같은 희소식이다. 사용자에게는 비용의 부담이 없다는 점에서 그리고 인터페이스가 직관적이고 쉽기 때문에 쉽게 가르치고 배울 수 있다는 점에서 jamovi 는 훌륭한 대안이다. 이러한 장점으로 최근에 국내에도 jamovi 활용서들이 계속 출간되고 있다. 알차고 쉽게 jamovi를 설명하는 다수의 서적이 출간되고 있지만 최근에 개발된 jamovi의 구조방정식모형분석 모듈인 SEMLj 사용에 관한 내용을 찾아볼 수가 없어 이에 대해 설명하는 간단한 안내서로 이 책을 썼다. 애초 기획에서 구조방정식모형분석에 쉽게 접근할 수 있도록 필수적인 내용만 언급할 의도였기 때문에 부족하고 오류가 있을 수 있다. 이 부분에 대한 비판은 온전히 쓴 사람이 받을 것이다. 그리고 향후 구조방정식모형분석의 조절효과나 다중집단모형분석 같은 부분은 보충되어야 할 부분이다.

이 책이 jamovi를 통해 통계를 배우고자 하는 학습자, 특히 구조방정식모형분석 학습자에게 조금이라도 도움이 되기를 바란다.

2023년 가을

주지혁 씀

1장

서론

1장 서론

통계는 연구자의 주장을 실증적으로 검정할 수 있는 강력한 수단이다. 통계를 전공하는 사람을 제외하고 통계를 연구의 수단이나 도구로 활용하는 통계 비전공자에게 통계는 어렵고 고통스러운 대상이다. 통계라고 하면 고등학교 수학 교과에서 배우고 익혔던 확률과 통계를 떠올리는 사람이 많을 것이다. 특히 수학 과목을 포기한 소위 수포자에게 통계는 외계어와 같이 느껴질 것이다. 하지만 엄청난 데이터의 홍수 속에서 살아가는 현대인에게 그것을 정리하고 파악하는 데에는 통계에 대한 이해가 필수적으로 요구된다.

우리는 대학의 학부나 대학원 과정뿐만 아니라 직장 생활에서도 각종 보고서, 논문, 기획서를 자주 작성한다. 보고서와 기획서를 작성할 때 장황한 여러 페이지의 문장보다 잘 정리된 하나의 통계표와 그래프가 주장을 뒷받침하고 설득력을 갖게 한다. 배우기 어렵고 복잡하지만 통계에 대한 필수적인 개념의 이해와 분석능력과 경험을 갖추기만 한다면 논문, 보고서, 기획서 작성에서 천군만마(千軍萬馬)를 얻는 격이다.

이 책은 학부 고학년과 대학원 과정의 고급통계 교과에서 주로 다루는 확인적 요인분석(Confirmatory Factor Analysis, CFA)과 구조방정식모형분석(Structural Equation Modeling, SEM)을 내용으로 담았다. 특히 대학원 수준의 논문 작성에서 자주 활용하는 구조방정식모형분석에 대한 전반적인 이해를 바탕으로 최근 무료(open source)이며 메뉴를 클릭하는(graphic user interface, GUI) 방식으로 쉽게 배우고 활용할 수 있는 R 언어 기반(R-based)의 jamovi의 확인적 요인분석과 구조방정식모형분석에 대해 익힐 수 있도록 구성하였다. 이를 위해 실제 논문으로 작성된 데이터를 활용하여 jamovi로 확인적 요인분석과 구조방정식모형분석을 따라 할 수 있도록 분석 과정을 상세하게 설명하였다. 아울러 결과 제시를 위한 각종 표의 구성과 필요한 통곗값에 대해 설명하였다.

이 책을 따라 확인적 요인분석과 구조방정식모형분석을 실행해 보면 무료이면서 쉽게 활용할 수 있다는 jamovi의 진가를 확인하게 될 것이다. 많은 학습자와 연구자가 어렵고 복잡하다고 생각하는 확인적 요인분석과 구조방정식모형분석을 위주로 내용을 구성한 이유는 jamovi의 거의 모든 메뉴가 직관적으로 구성되어 있기 때문에 관심을 갖고 통계를 활용하고자 하는 학습자나 연구자는 쉽게 이해하고 익힐 수 있다는 점을 고급통계기법인 두 가지 분석을 통해 보여주기 위해서이다. 또한 구조방정식모형분석을 위한 jomovi의 SEMLj 모듈(Gallucci & Jentschke, 2021)은 최근에 개발되어 아직 이를 반영하여 설명하는 교과서를 찾아보기 힘들다. 이에 많은 학습자와 연구자가 jamovi SEM을 활용하여 더 이상 AMOS, LISREL 등과 같은 확인적 요인분석과 구조방정식모형분석을 위한 툴(tool)을 학습하는 데 시간을 뺏기지 않았으면 하는 바람에서 내용을 구성하였다. 이 책을 통해 당장 확인적 요인분석과 구조방정식모형분석이 필요한 독자뿐만 아니라 여러 가지 통계분석 기법을 배우고자 하는 독자들도 jamovi가 널리 알려진 통계 소프트웨어에 대한 대안이 될 수 있다는 것을 알게 되기를 바란다.

2장

통계분석을 위한 소프트웨어

2장 통계분석을 위한 소프트웨어

퍼스널컴퓨터(Personal Computer, PC)의 대중적 보급과 상용 통계 소프트웨어의 확산으로 연구자와 학습자가 손쉽게 다양한 통계기법을 활용할 수 있게 되었다. 이전보다 통계분석에 대한 접근이 편리해졌지만, 여전히 여러 가지 이유로 통계분석은 복잡하고 어려운 일이다. 이 장에서는 연구자와 학습자가 대중적으로 알고 있고 널리 활용하는 통계 소프트웨어 몇 가지를 살펴본다. 비용적 측면에서 통계 소프트웨어의 갈래를 나누어 살펴보고, 각각 소프트웨어들의 특징을 살펴본다.

1. 상용유료 통계 소프트웨어

상용유료 통계 소프트웨어에는 Microsoft의 EXCEL, IBM의 SPSS, 노스캐롤라이나 주립대 SAS 연구소(North Carolina State University SAS Institute)에

서 개발된 SAS, 계량경제학 분야에서 분석 도구로 빈번하게 활용되는 Stata사에서 개발한 Stata 등 많은 소프트웨어가 있다. 여기에서는 사회과학 계열 대학과 대학원 과정에서 널리 사용하는 EXCEL과 SPSS에 대해 간단히 살펴보고자 한다.

1) MS EXCEL

EXCEL은 전문 통계 소프트웨어가 아니지만 SPSS와 같은 전문 통계 소프트웨어 패키지 라이선스를 소유하지 않은 학습자나 연구자가 간단하게 통계분석을 수행할 수 있다. EXCEL은 MS사에서 개발하여 판매하는 널리 알려진 대중적인 스프레드시트 소프트웨어로 Microsoft Office의 구성요소 중 하나이다. 계산과 표 작성 및 그래프 작성에 우수한 성능을 발휘하지만, 통계 전용 소프트웨어가 아니기 때문에 통계 분석을 위해서 몇 가지 설정이 필요하다. 즉 EXCEL에서 [데이터] 탭에 [데이터 분석] 리본 메뉴를 생성할 필요가 있다. 이에 대한 자세한 내용은 EXCEL 관련 서적이나 인터넷 검색을 참고하기 바란다.

[데이터 분석] 리본 메뉴를 클릭해 보면, 아래 〈그림 1〉과 같이 **[통계 데이터 분석]** 팝업 메뉴가 나타나면서 분산 분석, 상관 분석, 기술 통계법, 회귀 분석, t-검정과 같은 각종 통계분석기법을 활용할 수 있다. 이러한 EXCEL의 통계분석 도구는 EXCEL에 어느 정도 익숙한 사용자라면 누구나 쉽게 함수와 차트를 생성하고 데이터를 정리할 수 있다. 그리고 많은 조직과 기업에서 사용하며 프로그램에서 동료들과 파일 공유와 함께 효율적인 협업을 가능하게 해 준다는 장점이 있다. EXCEL은 통계 전용 소프트웨어와 달리 특정 기능을 수행하기 위해 코드 작성이 필요한 경우가 다수 발생하고, 다른 상용유료 통계 소프트웨어와 비교할 때 상대적으로 저렴한 가격이지만 유료라는 점은 단점이다.

그림 1. EXCEL 데이터 분석 메뉴

2) SPSS

SPSS(Statistical Package for the Social Sciences)는 그 이름에서도 알 수 있듯이 사회과학 분야의 통계분석을 위해 개발되었지만 많은 분야에서 두루 사용하고 있는 통계 소프트웨어이다. SPSS는 1968년 처음 개발되어 SPSS사(SPSS, Inc.)가 2009년까지 개발해 왔으나, 이후 IBM에 흡수되어 현재 회사명은 IBM SPSS Statistics로 변경되었다.

애초 SPSS는 1968년 스탠퍼드 대학 정치학 박사과정 대학원생이었던 노먼 니(Norman H. Nie) 박사가 통계 경로와 구조를 구상하고, 컴퓨터 공학자였던 데일 벤트(Dale H. Bent)와 해들레이 헐(Hadlai Hull)과 함께 개발하였다. 개발 초기에는 펀칭카드를 이용한 데이터 관리방식을 사용하였고, 메인 프레임 컴퓨터에 접속하여 사용하고 명령어를 입력하는 방식이었다. 이후 노먼 니 박

사는 대학에서 교수로 재직하며 개발자들과 함께 SPSS사를 설립하여 운영하면서, 지속적인 기능 향상과 통계적 기법을 개선하였다. 버전 10 SPSS 이후 점차 PC, 맥, 윈도우에 사용할 수 있는 프로그램으로 발전하였고, 그래픽 기능을 추가하였다(위키백과, 2023).

SPSS는 사회과학 연구자들을 위한 통계분석 소프트웨어로 시작되었으나 다양한 학술 분야 연구에서 널리 활용된다. 또한 기업의 시장조사와 정부활동을 위한 통계분석, 보건 분야에서도 사용하며, 많은 조사 전문 기관에서도 활용한다. 기본적인 통계 기능에서 점차 그 영역을 확대하여 IBM AMOS와 연동되어 구조방정식모형분석을 가능하게 한다. IBM에 인수된 이후 기업 관리 운영 컨설팅 소프트웨어로 활용되며, 현재 기업용 SPSS는 데이터 마이닝과 텍스트 분석, 빅데이터 관리까지 가능하며, 다양한 조사기법의 개발방법까지도 제공한다(위키백과, 2023).

SPSS의 가장 큰 장점은 사용이 쉽고 직관적인 인터페이스를 제공한다는 점이다. 또한 다양한 분석 기능을 제공하고 있기 때문에 사용자는 복잡한 데이터를 분석하고 통계 모델링를 수행할 수 있다. 분석 결과를 보고서로 작성하는 기능을 제공하기 때문에 쉽게 보고서로 정리하고 공유할 수 있는 장점도 갖고 있다. SPSS의 단점은 상용 소프트웨어이기 때문에 라이선스 비용이 매우 높다는 것이다. 그리고 R이나 jamovi처럼 광범위한 개발자 커뮤니티를 가지고 있지 않아 업데이트나 분석과정에서 발생하는 문제의 해결이 용이하지 않다. 데이터 크기에서도 SPSS는 대량의 데이터를 다루는 데에 적합하지 않다는 약점이 있다(김희준, 2023.5.6.).

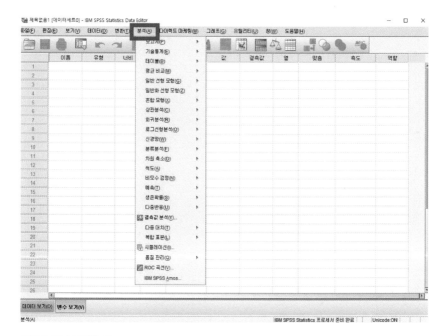

그림 2. SPSS 분석 메뉴

2. 무료 통계 소프트웨어

학습자가 통계를 공부할 때나 교수자가 통계를 가르칠 때 통계 소프트웨어에 지불해야 하는 비용은 학습과 교육의 장벽으로 작동한다. 통계 소프트웨어는 상당히 높은 가격으로 개인이나 단체가 라이선스를 구입해야 하기 때문에 불법적인 프로그램들이 유통되는 경우가 있다. 상용유료 통계 소프트웨어를 정식으로 구입하지 않은 라이선스로 컴퓨터에 설치할 경우 저작권법에 저촉되는 심각한 범죄 행위이다. 그리고 불법 소프트웨어 설치로 인한 해킹이나 바이러스 감염 등으로 컴퓨터와 네트워크가 심각한 피해를 당할 수도 있다. 이러한 문제를 해결할 수 있는 대안은 오픈 소스의 무료 통계 소프트웨어를 활용하는 것이다.

오픈 소스 무료 통계 프로그램에는 PSPP, R, Python, jamovi, JASP 등이 있다. 여기서는 Free Software Foundation의 GNU Project 중 하나인 PSPP와 로스 이하카(Ross Ihaka)와 로버트 젠틀맨(Robert Gentleman)이 개발하고 역시 GNU GPL 라이선스로 배포되는 R에 대해서 간단히 소개하고 jamovi에 대해서는 별도의 장에서 다룬다.

1) PSPP

PSPP의 성격을 이해하기 위해서 우선 GNU[1] GPL(GNU General Public License) 라이선스에 대한 이해가 필요하다. 간단히 말하면, 소위 저작권(copyright)의 대안으로 소프트웨어 및 기타 종류의 저작물에 대한 무료 카피레프트(copyleft) 라이선스이다. 대체로 소프트웨어 등의 저작물 라이선스는 공유하고 변경할 수 있는 자유를 부여하지 않는다. 그러나 GNU GPL은 소프트웨어의 모든 버전을 공유하고 변경할 수 있는 자유를 보장하여 모든 사용자가 이용할 수 있도록 무료 소프트웨어로 존치할 수 있도록 하는 운동이다(Free Software Foundation(FSF), 1999).

PSPP는 유료상용 통계 소프트웨어인 SPSS를 대체할 수 있는 무료 프로그램으로 몇 가지 예외를 제외하고 SPSS와 매우 유사하다. 예외 사항은 자유 소프

---

1 GNU는 1983년 리처드 스톨만(Richard Stallman)이 모든 소프트웨어 사용자가 자신의 컴퓨팅을 자유롭게 제어할 수 있도록 하기 위한 많은 사람들이 공동작업을 통해 만든 유닉스 호환 운영체제(Operating System, OS)를 무료로 제공하는 목표를 가지고 시작되었다.

트웨어 재단(Free Software Foundation, FSF)의 PSPP 홈페이지(2023)에서 아래와 같이 밝히고 있다.

> "예외 사항 중 가장 중요한 것은 '시한폭탄(time bomb)'이 없다는 점이다. PSPP 사본은 향후에 '만료'되거나(will not 'expire') 고의로 작동을 멈추지 않는다. 또한 사용할 수 있는 케이스 수나 변수에 대한 인위적인 제한도 없다. '고급(advanced)' 기능을 사용하기 위해 추가로 구매해야 하는 패키지는 없으며, 현재 PSPP가 지원하는 모든 기능은 핵심 패키지에 포함되어 있다."

PSPP는 안정적이고 신뢰할 수 있는 통계 소프트웨어로 기술통계, T-검정, 분산분석(ANOVA), 선형 및 로지스틱 회귀분석, 연관성 측정(measures of assoication), 군집분석, 신뢰도 및 요인분석, 비모수 검정 등을 수행할 수 있다. PSPP는 10억 개 이상의 표본(cases) 및 변수(variable)를 지원하고, 구문(syntax) 및 데이터파일이 SPSS와 호환되고, 터미널 또는 그래픽 사용자 인터페이스(GUI)를 선택할 수 있으며, 스프레드시트, 테스트 파일 및 데이터베이스 소스에서 쉽게 데이터를 가져올 수 있고, 매우 큰 데이터 집합에서도 빠른 통계분석이 가능하고, 라이선스 비용 및 만료기간이 없다는 점 등의 특징을 갖고 있다. 이러한 특징으로 인해 PSPP는 데이터를 빠르고 편리하게 분석해야 하는 통계학자, 사회과학자, 학생에게 권장하고 있다. PSPP가 SPSS와 매우 닮은 인터페이스를 가지고 있기 때문에 SPSS 경험자는 쉽게 무료로 안정적으로 사용할 수 있다는 장점이 있지만, 아래 〈그림 3〉의 PSPP 분석 메뉴에서 볼 수 있듯이 SPSS에 비해 지원하는 분석기법이 많지 않다는 단점이 있다.

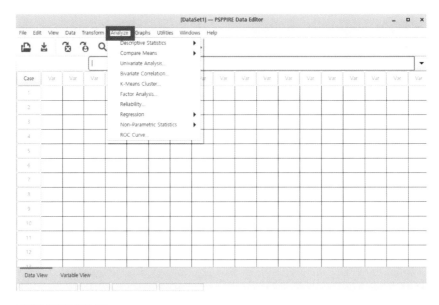

그림 3. PSPP 분석 메뉴

2) R

최근 우리 사회에서 '빅데이터'와 '데이터과학' 등과 같은 용어들이 자주 사용되면서 데이터를 효율적으로 수집, 정리, 분석하기 위한 데이터 분석 도구에 대한 관심도 높아졌다. 전통적으로 통계분석에 사용되던 도구인 SPSS, SAS, Matlab 등은 비용이 매우 높아 일반인들이 접근하기에는 다소 어려운 것들이었다. 최근에 무료로 사용할 수 있는 분석도구로 R과 Python과 같은 분석도구가 등장하여 인기를 끌고 있다. 특히 R은 통계분석을 위한 프로그래밍 언어 내지 소프트웨어로서, 흔히 알고 있는 C, Java, Python 등의 프로그래밍 언어와 달리 통계분석에 특화되어 있다(강진희 · 엄동란, 2018; 오세종, 2019; 오세종 · 신현석, 2022).

24

R은 비교적 최근에 개발된 프로그래밍 언어로, 1993년 뉴질랜드 오클랜드 대학(University of Auckland)의 Ross Ihaka와 Robert Gentleman에 의해 통계 프로그래밍 언어인 S-PLUS의 무료 버전 형태로 처음 소개되었다. R이라는 이름도 두 개발자의 이름이 R로 시작하는 데서 유래되었다고 한다. R의 개발자들은 벨 연구소에서 만든 S 프로그래밍 언어를 참고하여 누구나 사용할 수 있도록 만들었다고 한다. R은 처음 소개되었을 때 일부 통계학자만 사용하던 언어였지만, 빅데이터 시대가 열리면서 구글, 페이스북, 야후, 아마존 등에서 데이터 기본 분석 플랫폼으로 널리 사용하면서 주목을 끌게 되었다(강진희 · 엄동란, 2018; 오세종 · 신현석, 2022).

R은 배우기 쉽고 강력한 기능을 제공하기 때문에 학습뿐만 아니라 실제 기업의 업무에서도 널리 활용되고 있는 것으로 알려져 있다. R의 특징을 살펴보면 다음과 같다(오세종 · 신현석, 2022).

첫째, 데이터 분석에 특화된 언어이다. C나 Java처럼 어떤 종류의 소프트웨어라도 개발할 수 있는 범용언어가 아니라 R은 통계를 포함한 데이터 분석 작업에 활용할 목적으로 개발된 언어이다.

둘째, R은 배우기 쉬운 언어이다. R은 컴파일 과정이 필요 없는 스크립트 언어이기 때문에 작성한 프로그래밍을 실행하기 위한 컴파일이나 실행 파일 생성 같은 복잡한 과정을 거칠 필요가 없다. 즉 R은 컴파일 과정 없이도 바로 실행하여 결과를 바로 확인할 수 있기 때문에 학습자 입장에서는 다른 프로그래밍 언어보다 쉽게 느껴진다. 컴파일이나 별도의 실행 파일을 만들지 않고 바로 실행 가능한 이러한 특징 때문에 R에 의해서 작성된 것을 '프로그램'이 아니라 '스크립트(script)'라 부르는 경우가 많다.

셋째, R은 데이터 분석에 사용하는 함수들을 종류별로 묶어 패키지 형태로 제공한다. 패키지들은 수많은 이용자들에 의해 개발되거나 지원되고 있는데, 현재 약 12,000개 이상의 패키지를 다운로드하여 사용할 수 있다. 따라서 데이터 분석에 필요한 거의 모든 기능이 제공된다고 볼 수 있으며, 최신 이론이 발표되면 바로 R 패키지가 만들어지기 때문에 신속하게 최신 이론을 데이터 분석에 활용하는 것이 가능하다.

넷째, 미적이고 기능적인 통계 그래프를 제공한다. 데이터 분석에서 분석 결과를 시각적으로 표현하는 것은 매우 중요하다. 즉 숫자나 표로 결과를 보여주는 것보다 그래프로 나타내는 것이 훨씬 이해도를 높일 수 있다. R에서는 'ggplot' 같은 패키지를 통해 미적이고 기능적인 그래프를 쉽게 작성할 수 있다.

다섯째, 편리한 프로그래밍 환경을 제공한다. R 프로그래밍을 위한 통합 개발환경으로 R Studio가 제공되어 모든 작업을 R Studio 내에서 처리가 가능하다. R Studio는 프로그램 작성, 실행, 수정 등 여러 가지 작업을 수행할 수 있는 통합 개발 환경(Integrated Development Environment, IDE)으로 편리하게 R 프로그램을 수행할 수 있도록 도와준다.

여섯째, 누구나 무료로 사용할 수 있다. R은 무료로 사용할 수 있는 오픈 소스(open source) 소프트웨어이다. R은 무료이지만 1년에 수차례 정기적으로 업데이트가 이루어지기 때문에 지속적으로 기능이 향상되고 있다는 장점도 있다. 또한 R은 윈도우뿐만 아니라 리눅스, 맥 OS 환경에서도 설치하여 사용이 가능하다.

R은 범용 프로그래밍 언어에 비해 처리 속도가 늦다는 단점이 있다. 그리고 문제가 발생했을 때 스스로 해결해야 한다는 단점도 갖고 있다. 따라서 이러한 문제 해결을 위해 커뮤니티가 활성화되어 있어 사용자에게 도움을 주고 있다. R은 또한 데이터 분석에 특화되어 있기 때문에 대규모 IT서비스 개발에 접목

하기 어렵다는 비판도 받는다(강진희 · 엄동란, 2018). R이 배우기 쉬운 언어라고 하지만 〈그림 4〉에서 볼 수 있듯이 사용자가 스크립트를 직접 타이핑하거나 기존 스크립트를 가져와 수정해야 하기 때문에 프로그래밍이나 코딩에 익숙하지 않은 사람에게는 직관적인 GUI를 가지고 있는 SPSS나 PSPP보다는 여전히 접근이 어려운 통계분석 도구이다.

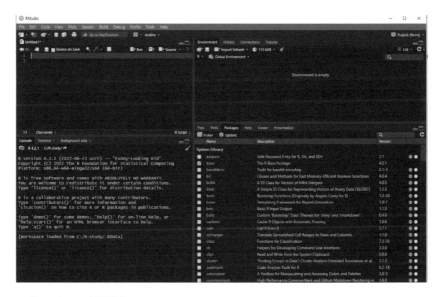

그림 4. R Studio 실행화면

3장

jamovi의 이해와 설치

3장 jamovi의 이해와 설치

1. jamovi의 이해

　jamovi는 2017년부터 호주의 뉴캐슬 대학(University of Newcastle)의 Jonathon Love, Damian Dropmann, Ravi Selker 세 명의 창립자에 의해 개발된 무료 공개 프로그램이다. jamovi는 R 언어를 기반으로 하는 그래픽 이용자 인터페이스(GUI) 프로그램이다. jamovi는 기존 R 프로그램의 복잡한 명령문을 사용하는 데 익숙하지 않은 사용자들이 쉽게 R의 분석 기능을 이용할 수 있도록 한다. 간단한 조작으로 통계분석을 쉽게 실행할 수 있으면서 R에서 제공하는 고품질의 그래픽을 활용할 수 있다(성태제, 2019).

　jamovi 프로젝트에서 개발자의 일원으로 활동하는 설현수 교수는 기존의 상용유료 통계프로그램에 비해 jamovi가 5가지의 차별화된 특징을 가지고 있다고 설명한다(설현수, 2022). jamovi의 특징을 이해하기 위해서 인용한다.

　첫째, 통계 초보자도 쉽게 사용할 수 있도록 모든 통계분석 과정이 대화상자 화면 창으로 제공되기 때문에 사용자가 한 번의 클릭 방식(Graphic User Interface, GUI)으로 통계분석 결과를 확인할 수 있다. 또한 분석자료, 대화상자 및 분석 결과가 한 화면에 동시에 제공되기 때문에 사용자의 편리성을 최대화하는 혁신적인 분석환경을 제공하고 있다.

둘째, 통계분석 결과표가 사회과학 논문 결과 보고 양식의 기준으로 제시되고 있는 APA 스타일 형태로 제공되기 때문에 사용자가 분석 결과를 쉽게 이해할 수 있으며, 복잡한 편집과정 없이 학술논문에 분석 결과표를 제시할 수 있는 환경을 제공하고 있다.

셋째, jamovi 프로그램은 요즘 전 세계적으로 유행하고 있는 무료 공개 프로그램인 R 프로그램의 알고리즘에 기초해서 개발된 프로그램이다. 대화상자 클릭 방식으로 구현된 모든 분석과정은 R 프로그램 언어로 표현되기 때문에 R 환경에서 추가 분석이 가능하다는 장점이 있다. 또한 jamovi 프로그램은 R 프로그램과 호환이 가능하도록 설계되었기 때문에 R 프로그램이 가지고 있는 뛰어난 시각화에 기초한 다양한 분석 그래프를 제공하고 있다는 장점이 있다.

넷째, jamovi 프로그램은 자료 분석에 필요한 다양한 분석 패키지 모듈(module) 형태로 제공되기 때문에 연구자가 분석에 필요한 모듈을 선택적으로 본인의 컴퓨터에 설치할 수 있는 환경을 지원하고 있다. 이러한 특징은 기존의 상업용 프로그램의 경우 연구자가 거의 사용하지 않는 모든 분석 도구까지 일괄적으로 설치되기 때문에 이로 인해서 발생하는 설치 시간, 복잡성, 사용자 컴퓨터 용량 및 메모리 제한과 같은 문제점들이 jamovi 프로그램에서는 발생하지 않는다.

다섯째, jamovi 프로그램은 오픈 소스 프로그램이기 때문에 프로그램 사용자에 의해서 제기되는 버그 및 제안 사항을 github 공간을 통해서 jamovi 프로그램 개발팀과 실시간으로 공유하는 통합 환경을 구축하고 있다. 따라서 최신의 통계 기법과 각종 버그 수정 및 업데이트 내용이 R 프로그램과 연동되어 사용자 컴퓨터에 설치된 jamovi 프로그램에 즉각적으로 반영되고 있는 환경을 지원하고 있다.

이러한 특징을 jamovi 프로젝트 창립자들은 javmovi의 핵심철학으로 요약한다(https://www.jamovi.org/about.html).

> "jamovi 프로젝트는 사용하는 데 직관적이고 최신 통계 방법론을 제공할 수 있는 무료 개방형 통계 플랫폼을 개발하기 위해 설립되었다. 과학적 소프트웨어는 누구나 분석을 개발하고 발표하여 많은 사람들이 사용할 수 있도록 하는 '커뮤니티 주도형'이어야 한다는 것이 jamovi 철학의 핵심이다."

2. jamovi 프로그램 다운로드와 설치

1) jamovi 다운로드 사이트

jamovi는 무료 공개 프로그램이기 때문에 누구나 제한 없이 다운로드 페이지에 접속하여 다운로드할 수 있다. jamovi 다운로드를 위해 검색엔진에서 'jamovi 다운로드'를 검색하여 접속하거나 브라우저의 주소창에 http://www.jamovi.org/를 타이핑하여 사이트에 접속하면 아래와 같은 화면이 나타난다.

그림 5. jamovi 다운로드 사이트

jamovi를 설치하기 위해서 〈그림 5〉에서 볼 수 있듯이 오른쪽의 jamovi Desktop 아이콘을 클릭하면 자신의 컴퓨터에 알맞은 다운로드 페이지로 접속하게 된다.

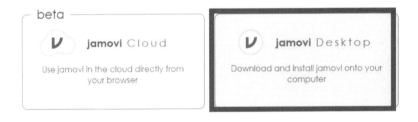

그림 6. jamovi Desktop 선택

〈그림 6〉처럼 jamovi Desktop 아이콘을 클릭하면 각 컴퓨터의 운영체계 (Operating System, OS)에 맞는 페이지로 접속하게 된다. 여기서는 윈도우 중심으로 설치하지만 맥 OS의 경우도 큰 차이는 없다. 〈그림 7〉에서 볼 수 있듯이, 다운로드 페이지에 접속하면 jamovi 프로그램 사용자들의 프로그램 오류 사항을 반영 수정하여 오류가 거의 없는 'solid' 버전과 jamovi 개발진에 의해 개발된 최신 버전인 'current' 버전이 나타난다.

그림 7. 다운로드 페이지의 solid 버전과 current 버전

jamovi는 'github' 공간을 통해 전 세계 사용자들의 오류 지적 사항을 지속적으로 반영하여 즉각적으로 오류를 수정하고 업데이트하기 때문에 어느 버전을 다운로드 받아도 별문제가 없다. 아래 〈그림 8〉과 같이 'release notes'를 클릭하면 현재까지의 jamovi의 주요 업데이트와 개선사항의 이력을 보여준다.

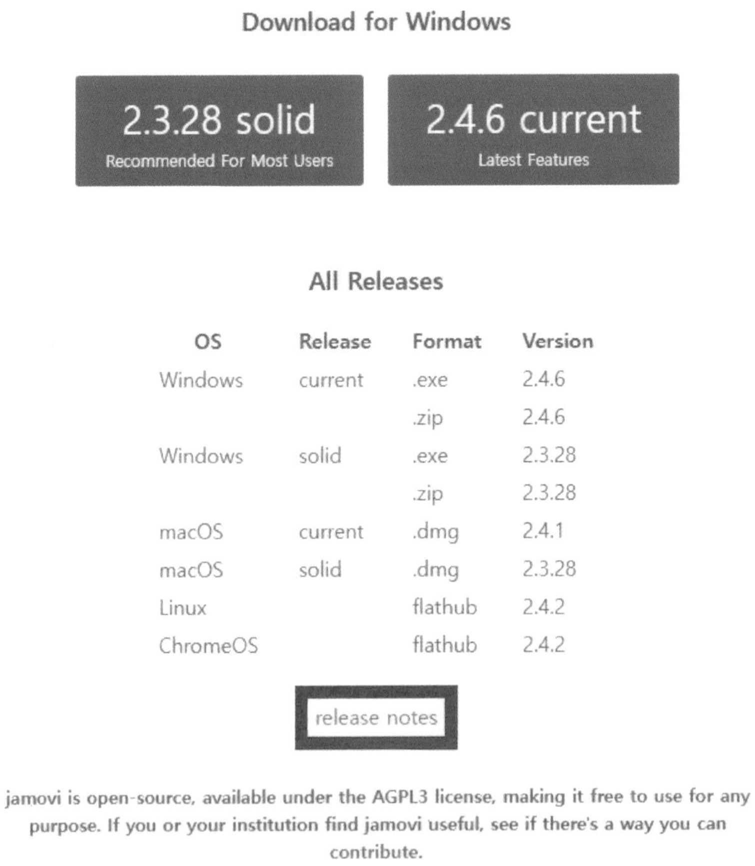

Download for Windows

2.3.28 solid
Recommended For Most Users

2.4.6 current
Latest Features

All Releases

OS	Release	Format	Version
Windows	current	.exe	2.4.6
		.zip	2.4.6
Windows	solid	.exe	2.3.28
		.zip	2.3.28
macOS	current	.dmg	2.4.1
macOS	solid	.dmg	2.3.28
Linux		flathub	2.4.2
ChromeOS		flathub	2.4.2

release notes

jamovi is open-source, available under the AGPL3 license, making it free to use for any purpose. If you or your institution find jamovi useful, see if there's a way you can contribute.

그림 8. Release Notes

원하는 버전을 선택하여 〈그림 9〉와 같이 클릭하면(1번) 다운로드가 시작된다. 다운로드할 디렉터리(일반적으로 '다운로드' 디렉터리)를 지정하려면 마우스 오른쪽을 클릭하여 디렉터리를 특정하고 저장을 클릭하면(2번) 선택한 버전의 jamovi 설치파일이 다운로드된다.

그림 9. jamovi 설치파일 다운로드 저장

다운로드된 jamovi 설치파일을 찾아 〈그림 10〉처럼 실행하면 jamovi 설치 과정이 진행된다.

그림 10. 다운로드된 설치파일로 jamovi 설치

jamovi 설치파일을 더블클릭 하면 아래 〈그림 11〉과 같은 jamovi 설치를 위한 화면이 나온다. 이때 인스톨(install)을 클릭하면 〈그림 12〉와 같이 설치가 진행된다.

그림 11. jamovi 설치를 위해 Install 클릭

jamovi 2.4.6.0   —   □   ✕

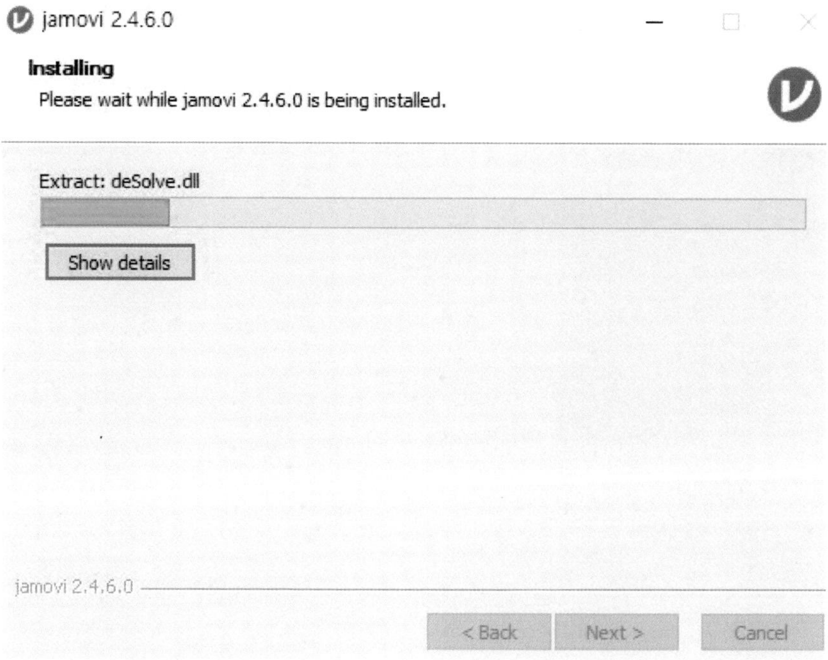

Installing

Please wait while jamovi 2.4.6.0 is being installed.

Extract: deSolve.dll

Show details

jamovi 2.4.6.0 ——————————————

< Back   Next >   Cancel

그림 12. jamovi 설치 진행

다소 시간이 걸리는 설치 과정을 마치면 〈그림 13〉과 같이 jamovi 설치를 마무리하는 화면이 나온다. 이때 마침(Finish)을 클릭하면 설치 과정을 끝마치게 된다.

그림 13. jamovi 설치 완료

설치를 완료한 다음 jamovi 실행을 위해서는 컴퓨터의 윈도우 시작 버튼을 클릭하여 〈그림 14〉와 같이 jamovi 아이콘을 클릭하여 실행한다.

그림 14. jamovi 실행

윈도우 작업표시줄에 jamovi 실행 아이콘을 등록하면 편리하게 jamovi를 실행할 수 있다. 아이콘 작업표시줄에 등록하기 위해서는 〈그림 15〉와 같이 윈도우 시작 버튼을 클릭한 이후(1번) jamovi 실행 버튼에서 마우스 오른쪽 버튼을 클릭하고(2번) "자세히"에서 다시 마우스 오른쪽 버튼을 클릭하여(3번) "작업표시줄에 고정"이 나타나면 마우스 왼쪽 버튼을 클릭한다(4번). 이후에 〈그림 16〉처럼 jamovi 실행 아이콘이 작업표시줄에 등록되어 보다 빠르고 편리하게 jamovi를 실행하여 통계분석을 할 수 있다.

그림 15. Jamovi 실행 아이콘 작업표시줄에 고정

그림 16. 윈도우 작업표시줄에서 jamovi 실행

설치 후 jamovi를 처음으로 실행하면 〈그림 17〉과 같은 화면이 나타난다. 이 상태는 기본적인 모듈만 설치된 것으로 가장 상단에는 분석자료의 이름을 보여주는 타이틀 표시줄(1번)이 있고 아래는 jamovi의 기능구성요소 탭(2번)을 보여주고 있다. 기능구성요소 탭 아래에는 각 기능구성요소를 클릭하면 진행할 수 있는 각각의 기능을 아이콘(3)으로 보여주고 있다.

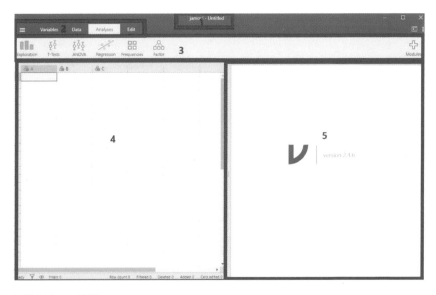

그림 17. jamovi 실행

타이틀 표시줄을 보면 아직은 분석자료를 불러오지 않은 상태이기 때문에 jamovi-Untitled가 표시되고 있다. 기능구성요소 탭 중에서 통계분석에서 자주 사용하는 것을 간단히 설명하면 다음과 같다.

≡ : 외부의 자료파일을 불러오거나 저장 또는 결과를 외부로 내보낼 수 있는 하위 메뉴로 구성되어 있다.

Variables : 변인의 이름, 측정수준, 설명을 보여주며 편집, 계산(compute), 변형(transform)하거나 변인을 추가 또는 삭제 등을 할 수 있는 하위 메뉴로 구성되어 있다.

Analyses : jamovi가 분석을 수행할 수 있는 통계 모듈을 보여주는데, 각 모듈은 다수의 통계기법으로 구성되어 있다.

⋮ : 결과 출력 시 숫자의 폰트와 크기, p 값의 소수점 자릿수와 참고문헌(Reference) 출력 여부와 그래프(plot) 형식과 색깔 등을 조정할 수 있다.

Modules : 라이브러리(jamovi library)를 통해 추가적인 통계기법 모듈을 설치하거나 jamovi에 설치된 모듈을 관리(Manage installed)할 수 있게 해 주고, 이미 설치된 모듈을 보여준다.

위 〈그림 17〉에서 볼 수 있듯이, 처음 jamovi를 실행했을 때 크게 2개의 창으로 나뉘어 있는 화면이 인상적이다. 왼쪽 창은 자료를 입력하는 스프레드시트(spreadsheet)이다(4번). 직관적으로 변인의 이름이나 측정수준을 알 수 있다. 오른쪽 창은 통계분석 결과가 제시되는 창이다(5번). 가운데 분할선에서 마우스를 사용하여 끌어 움직임으로써 창 크기를 조절할 수 있다.

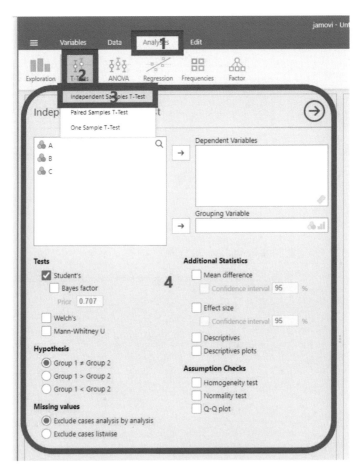

그림 18. jamovi 분석상자

특히 왼쪽 창의 스프레드시트는 〈그림 18〉과 같이 Analyses를 클릭하여(1번)
특정 통계 모듈을 선택하여(2번) 분석을 수행하면(3번) 스프레드시트 창에 분
석상자가 나타나(4번) 변수이동 및 각종 분석 관련 항목을 선택할 수 있다. 분
석상자에서 분석 관련 항목들을 클릭하면 곧바로 오른쪽 창에서 분석결과가 나
타난다.

4장

구조방정식모형분석의 이해

구조방정식모형분석의 이해

1. 구조방정식모형분석의 개요와 특징

구조방정식모형분석(Structural Equation Modeling, SEM)은 심리학, 경영학, 사회학, 행정학, 교육학을 비롯한 사회과학 및 행동과학의 연구 분야에서 널리 사용되는 분석기법이다. SEM은 공분산구조분석(covariance structure analysis), 잠재변수모델(latent variable model), 인과모델링(causal modeling), LISREL(Linear Structural Relations) 등 다양하게 불렸으나 최근에 이러한 용어들이 구조방정식모형분석으로 통일되어 명명하고 있다(배병렬, 2002).

구조방정식모형분석은 주로 사회학과 심리학에서 개발된 측정이론에 기초한 확인적 요인분석과 주로 계량 경제학에서 개발된 연립방정식모형에 기초한 다중회귀분석과 경로분석이 결합되어 발전된 분석법이다(Jöreskog, 1973; 김주환 · 김민규 · 홍세희, 2009; 배병렬, 2002). 거의 모든 사회과학 연구 분야에서 연구대상이 되는 많은 개념들은 이론적이고 추상적인 특성을 갖는 잠재변수이다. 구조방정식모형분석은 이러한 잠재변수 사이의 구조적 관계를 설정한 모형을 계량적으로 관찰한 측정지표 사이의 상관행렬계수를 통해 검증하는 통계 기법이다(김주환 외, 2009).

최근 학계의 경향을 살펴보면, 논문과 연구보고서 등에서 구조방정식모형분석을 자주 사용하는 경향을 보인다. 이러한 경향이 나타난 데에는 구조방정식모형분석이 갖는 장점에서 찾을 수 있다. 구조방정식모형분석 장점은 다음과 같다(김주환 외, 2009; 홍세희, 2003).

첫째, 구조방정식모형분석에서는 여러 개의 측정변수(measured variable)를 이용해 추출한 공통변량을 변수(잠재변수)로 사용하므로 그 변수의 측정오차(measurement error)를 통제할 수 있다. 즉, 구조방정식모형분석을 적용해서 추정한 값은 측정오차를 고려할 수 있기에 단지 측정변수만을 바탕으로 한 모형을 분석하는 것보다 더 신뢰할 수 있다.

둘째, 매개변수의 사용이 용이하다. 매개변수는 그 특성상 모형에서 독립변수와 종속변수의 역할을 동시에 해야 하는데, 회귀분석의 경우 한 변수는 하나의 역할만 해야 하므로 매개변수가 하나 이상인 경우 매개변수의 도입 및 평가가 쉽지 않다. 회귀분석 대신 경로분석을 수행할 경우 매개변수를 쉽게 다룰 수 있지만, 경로분석은 잠재변수가 아닌 측정변수가 사용되기 때문에 측정오차를 제대로 통제할 수 없다.

셋째, 이론모형에 대한 통계적 평가가 가능하다. 즉 연구자가 개발한 이론모형이 실제 자료에 얼마나 잘 부합하는지를 평가하여 이를 바탕으로 그 모형을 타당한 모형으로 수용하거나 수정할 수 있다.

이러한 장점도 있지만 구조방정식모형분석은 단점 역시 존재한다(노경섭, 2019).

첫째, 통계적 분석 방법에 대한 명확한 이해가 선행되어야 한다. 즉, 구조방정식모형분석을 활용하기 위해서는 회귀분석, 요인분석, 상관분석 등에 대한 명확한 이해가 필요하다. 분석 방법들에 대한 이해가 없이 단순히 장점만을 보고 구조방정식모형분석을 사용한다면 분석결과가 잘못 나올 수 있고, 그로 인해 해석도 틀려질 수 있다.

둘째, 분석결과가 다소 복잡하거나 어렵게 느껴질 수 있다. 구조방정식모형분석 결과는 상당히 방대하여 결괏값들에 대한 이해와 의미를 숙지하고 있어야한다. 또한 구조방정식모형분석에서 사용하는 용어나 형식이 기존에 사용하던 것과는 다소 차이가 있고 자료의 양이 많다고 느껴지기 때문에 복잡하고 어렵다는 선입견을 가질 수 있다.

2. 구조방정식모형분석의 주요 개념과 모형

앞서 구조방정식모형분석의 단점에서 언급했듯이, 구조방정식모형분석에서 사용하는 용어를 이해하고 익숙해지지 않으면 다소 복잡하고 어렵게 느껴질 수 있다. 구조방정식모형분석을 위해 숙지해야 할 용어와 개념들에 대해서 살펴보자.

1) 측정변수(observed variable)

관측변수로도 불리는 측정변수는 직접적인 관측이 가능한 변수를 말한다. 측정변수는 잠재변수를 간접적으로 측정하는 데 사용한다. 쉽게 말하면, 설문지의 문항으로 조사자가 직접 확인할 수 있는 변수이다. 구조방정식모형분석에서 측정변수는 일반적으로 직사각형으로 표현한다. 측정변수는 모두 화살표를 받으므로 '내생관측변수'라고 할 수 있으나 보통 '측정변수'라고 부른다.

2) 잠재변수(latent variable)

잠재변수는 이론적, 추상적 개념으로서 직접 관측이 불가능한 변수로 비관측변수(unobserved variable), 비측정변수(unmeasured variable), 이론변수(theoretical variable), 가설적 개념(hypothetical construct) 또는 요인(factor)으로 불린다. 예컨대, 심리학에서는 자아개념과 동기부여, 경제학에서는 자본주의와 사회계층, 경영학에서는 고객만족, 서비스 품질 및 직무만족 등이 잠재변수에 해당된다.

잠재변수는 직접적으로 측정이 불가능하기 때문에 연구자는 잠재변수를 대표할 수 있는 행동이 무엇인가를 고려하여 잠재변수의 조작적 정의(operational definition)를 해야 한다. 이를 통해 잠재변수가 측정변수와 연결되고 비로소 잠재변수의 측정이 가능해진다. 즉 행동의 평가는 측정변수의 직접적인 측정을 통해 잠재변수를 간접적으로 측정할 수 있게 된다. 구조방정식모형분석에서 잠재변수는 일반적으로 타원으로 표현한다.

3) 외생변수(exogenous variable)

외생변수는 모형 내에서 다른 변수들에 의해 설명되지 않는 변수로 모형 외부의 다른 요인들에 의해 영향을 받는 것으로 간주된다. '외생(exogenous)'은 변수를 있게 한 원인이 모형 밖에 있다고 해서 붙여진 이름이다. 구조방정식모형분석에서 화살표가 밖으로 나가는 것으로 표현된다. 구조방정식모형분석에서 외생변수는 다른 변수에 의해서 설명되지 않고 화살표를 주기만 하는 변수이다.

4) 내생변수(endogenous variable)

내생변수는 모형 내에서 다른 변수들에 의해 설명되는 변수이다. 구조방정식모형분석에서 화살표를 받는 것으로 표현된다. 특히 화살표가 들어오기도, 나가기도 하는 변수(매개변수)는 내생변수에 포함된다. 특히 구조방정식모형분석에서 모든 내생변수는 반드시 오차 변인이 포함되어 있다는 사실을 기억해야 한다. 즉, 내생변수는 아무리 많은 변수들에 의해서 설명된다고 하더라도 완벽하게 설명될 수 없기 때문에 모든 내생변수에는 오차를 설정해 주어야 한다.

5) 오차(error)

구조방정식모형분석에서 오차는 실제로 존재하는 변수가 아니기에 잠재변수로 간주한다. 그림으로 표현될 때 오차는 보통 작은 원으로 표현한다. 오차는 측정오차(measurement error)와 구조오차(construct error) 두 종류가 있다. 측정오차는 잠재변수와 측정변수의 관계에서 측정변수에서 발생하는 오차로 보통 'e'로 표기한다. 반면에 구조오차는 내생잠재변수에 나타나는 오차로 보통 'd'로 표시한다. 앞서 언급했듯이, 내생잠재변수는 다른 변수에 의해 설명되지만 완벽히 설명되지 않는 나머지는 구조오차이다. 내생잠재변인의 설명과 관련이 있기 때문에 구조오차를 일명 설명오차 또는 예측오차라고 한다.

6) 측정모형과 구조모형

구조방정식모형분석은 독립적이지만 밀접하게 연관된 측정모형과 구조모형으로 이루어져 있다. 측정모형은 하나의 잠재변수에 여러 개의 측정변수로 구성된 모형을 이른다. 측정모형은 잠재변수와 측정변수 간의 관계를 알아보는 모형으로 확인적 요인분석이 이에 해당한다. 구조모형은 다수의 측정모형으로 구성된 모형이다. 측정모형이 잠재변수와 측정변수 간의 관계를 알아보는 모형이라면, 구조모형은 잠재변수와 측정변수 사이의 관계를 포함하여 잠재변수들 사이의 관계까지 알아보는 모형이다(김주환 외, 2009).

위에서 설명한 구조방정식모형분석의 주요 용어를 그림으로 표현하면 아래 〈그림 19〉와 같다.

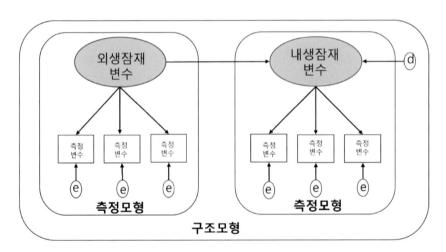

그림 19. 구조방정식모형분석 개념도

5장

확인적 요인분석

5장 확인적 요인분석

1. jamovi에서의 확인적 요인분석 방법

앞서 언급했듯이 구조방정식모형분석은 측정모형과 구조모형으로 이루어져 있다. 구조방정식모형분석을 수행할 때, 측정모형의 적합도를 파악하고 측정변수 및 잠재변수의 타당도를 검증하기 위해 측정모형분석을 보통 먼저 실시한다. 측정모형분석은 확인적 요인분석(confirmatory factor analysis)을 통해 실시한다. jamovi를 활용한 구조방정식모형분석에서는 측정모형분석 결과를 보여주기 때문에 확인적 요인분석을 별도로 진행하지 않아도 된다. 하지만 논문이나 보고서 작성 과정에서 확인적 요인분석이 필요한 경우가 있다. 즉, 요인구조에 대한 충분한 사전지식이나 확신을 가지지 못한 상태에서 수행된 탐색적 요인분석을 검증하고자 하는 경우나 또는 새롭게 개발한 척도의 타당도를 검사하기 위한 목적에서 확인적 요인분석을 활용한다.

jamovi를 통한 확인적 요인분석은 첫째로 〈그림 20〉과 같이 jamovi에 기본적으로 내장된 Factor의 Confirmatory Factor Analysis 모듈을 이용하여 분석할 수 있다. Analyses 탭에서 Factor를 클릭하면(1번) 마지막에 확인적 요인분석을 위한 Confirmatory Factor Analysis 모듈이 나타난다(2번). 이를 클릭하면 확인적 요인분석을 위한 분석상자가 나타난다. 구체적인 분석과정은 별도로 설명한다.

그림 20. Factor 모듈을 이용한 확인적 요인분석

jamovi를 활용하여 확인적 요인분석을 하는 또 하나의 방법은 구조방정식모형분석 모듈인 semlj를 jamovi 라이브러리에서 설치하여 분석하는 방법이다. 〈그림 21〉처럼 Modules를 클릭하여(1번) jamovi library가 나타나면 이를 클릭하여(2번) 라이브러리로 진입한다.

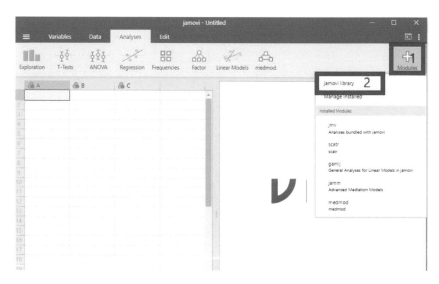

그림 21. jamovi 라이브러리에서 통계분석 모듈 설치하기

라이브러리에 진입한 후 〈그림 22〉처럼 구조방정식모형분석 모듈인 semlj를 찾아 클릭하면 SEM 분석을 위한 모듈의 설치과정이 진행된다.

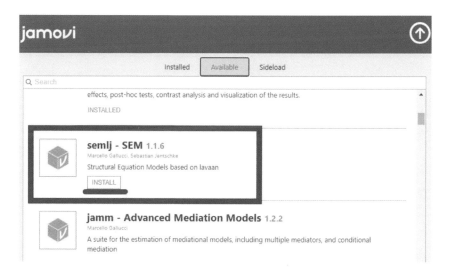

그림 22. 구조방정식모형분석을 위한 semlj 모듈 설치

SEM 분석용 모듈이 설치되면 Analyses 탭 아래에 SEM 아이콘이 생성된다. 〈그림 23〉에서 볼 수 있듯이, SEM 아이콘을 클릭하면 SEMLj 모듈 아래 SEM(syntax)과 SEM(interactive)의 구조방정식모형분석을 수행할 수 있는 두 가지 방식이 등록되어 있는 것을 확인할 수 있다. SEM(syntax)은 분석을 수행할 때 측정모형과 구조모형을 정의하는 간단한 신택스 코딩(syntax coding)이 필요하다. SEM(interactive)은 신택스를 작성할 필요 없이 그래픽 사용자 인터페이스(GUI) 방식으로 클릭만으로 측정모형과 구조모형을 구성하여 분석을 수행한다. 이 책에서는 SEM(interactive) 방식에 대해서 설명한다. 이 방식에 익숙해진 후 측정모형과 구조모형 구성에 대한 이해가 깊어지면 SEM(syntax) 방식에도 도전하기를 권한다.

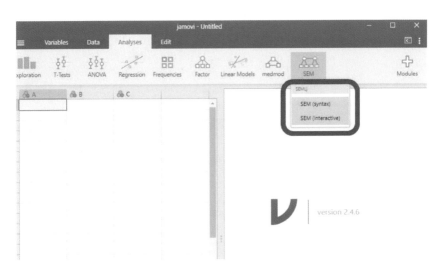

그림 23. 구조방정식모형분석을 위한 두 가지 방식

2. 분석자료와 자료 불러오기

1) 분석자료에 대한 이해

확인적 요인분석은 구조방정식모형분석에서 측정모형 검증뿐만 아니라 요인구조에 대한 충분한 사전지식이나 확신을 가지지 못한 상태에서 수행된 탐색적 요인분석을 검증하고자 하는 경우나 또는 새롭게 개발한 척도의 타당도를 검사하기 위한 목적에서 활용한다. 따라서 확인적 요인분석은 요인구조를 확인하기 위한 목적에서 요인수를 지정해서 분석한다. 확인적 요인분석 과정을 익히기 위해 jamovi의 Factor 모듈을 사용하는 확인적 요인분석과 SEM(interactive) 모듈을 활용한 확인적 요인분석을 실행 과정을 설명하기 전에 분석자료에 대해서 설명하고 불러오기 과정을 살펴본다.

이 책에서 활용하는 자료(dataset)에 대해 소개한다. 자료는 구조방정식모형분석에서 자주 언급되는 1989년에 Bollen이 Wiley-interscience출판사를 통해 출간한 *Structural Equations with Latent Variables*에서 사용된 '정치적 민주주의(political democracy)' 자료이다. 이 자료는 R의 lavaan 패키지의 자료로 포함되어 구조방정식모형분석을 위한 학습자료로 자주 활용된다. 이 자료는 개발도상국의 정치적 민주주의와 산업화에 대한 다양한 측정치를 포함한다. 구체적으로 75개국을 대상으로 11개 변수를 측정한 자료이다.

변수를 살펴보면 다음과 같다.

> y1: 1960년 언론의 자유에 대한 전문가 평가
> y2: 1960년 정치적 반대의 자유
> y3: 1960년 선거의 공정성
> y4: 1960년 선출된 입법부의 효율성
> y5: 1965년 언론의 자유에 대한 전문가 평가

y6: 1965년 정치적 반대의 자유

y7: 1965년 선거의 공정성

y8: 1965년 선출된 입법부의 효율성

x1: 1960년 1인당 국민 총생산(GNP)

x2: 1960년 1인당 무생물 에너지 소비량

x3: 1960년 산업 노동력 비율

분석용 자료는 jamovi 개발진으로 활동하는 중앙대학교 설현수 교수의 홈페이지에서 다운로드 받을 수 있다. 〈그림 24〉와 같이 설현수 교수의 홈페이지(http://sites.google.com/site/snowcau)에 접속하여(1번) 'PATHj and semlj Example data'를 클릭하면(2번) 〈그림 25〉와 같은 화면이 나타난다. 여기에서 'sem.omv'를 클릭하여 다운로드한다. 참고로 jamovi의 데이터 파일의 확장자는 '*.omv'이다. 최근 버전의 jamovi에서는 엑셀 형태로 저장한 파일을 제약 없이 불러올 수 있다. 그러나 R을 비롯한 다른 통계 소프트웨어와의 호환성과 편리성을 고려하여 자료를 엑셀로 저장할 때에는 확장자가 '*.csv' 파일 형태로 저장할 것을 권장한다. jamovi는 엑셀파일 이외에 SPSS, SAS, Stata, JASP 소프트웨어를 사용하여 작성한 자료 파일도 읽어올 수 있도록 지원하고 있다(설현수, 2022).

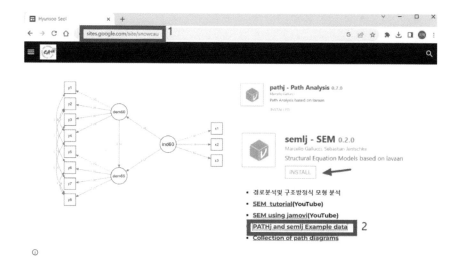

그림 24. 분석용 자료를 위한 페이지 접속

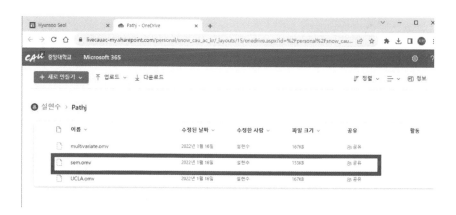

그림 25. 분석용 자료(sem.omv) 다운로드

2) 분석자료 파일 불러오기

jamovi에서 통계분석을 하기 위해서 자료 파일을 불러와야 한다. 자료를 불러오기 위해서는 먼저 기능구성요소 탭에서 ≡를 클릭한 후 〈그림 26〉과 같이 **Open** 메뉴를 클릭하고 계속해서 **This PC**를 클릭한(1번) 다음 화면 상단의 **Browse**를 클릭한다(2번). 다음으로 열기 창이 나타나면 왼쪽에서 자료가 저장되어 있는 디렉터리를 찾아 클릭하여 분석용 데이터를 찾아 더블클릭 하거나 열기 창 하단의 **열기** 버튼을 클릭하여(3번) 분석용 자료를 불러온다. 불러올 자료 파일의 확장자가 '*.omv' 형식이 아닐 경우 〈그림 27〉처럼 **Data files** 선택 창을 클릭한 후 적절한 자료 파일의 확장자를 선택하여 파일을 불어오면 된다.

그림 26. 분석자료 불러오기

66

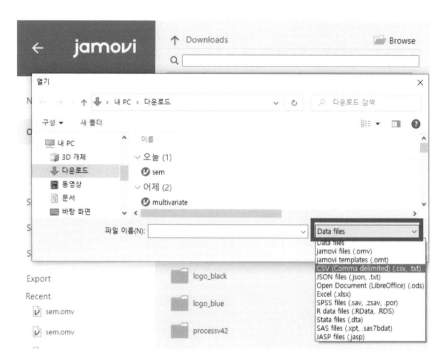

그림 27. 다른 파일형식의 분석자료 불러오기

3. Factor 모듈을 활용한 확인적 요인분석

Factor 모듈을 이용한 확인적 요인분석을 실행하기 위해서 〈그림 28〉과 같이
Factor 모듈을 클릭하고(1번) Confirmatory Factor Analysis를 클릭하면(2번) 확
인적 요인분석을 위한 분석상자로 진입하게 된다.

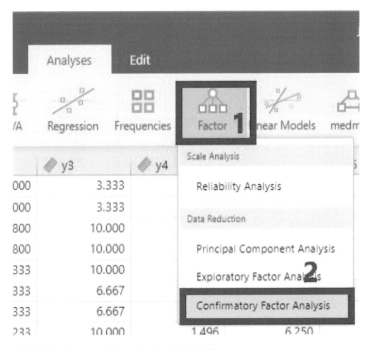

그림 28. Confirmatory Factor Analysis 모듈 실행

분석상자가 나타나면 오른쪽 창에 있는 변수를 **Factors** 창으로 이동시킨다. 〈그림 29〉에서 볼 수 있듯이, 변수 창에서 먼저 y1을 클릭하고 Shift 키와 동시에 y4를 클릭하면 y1부터 y4까지 변수가 모두 선택된 것을 볼 수 있다(1번). 선택된 변수를 이동시키기 위해서 화살표(→)를 클릭한다(2 번). **Factors** 창에 y1부터 y4까지 변수가 이동된 것을 볼 수 있다(3번). 계속해서 Factor 1을 클릭하여 잠재변수(요인) 이름을 정의하는데, y1부터 y4까지의 변수들은 1960년 민주주의 수준에 관한 항목들로 이루어졌기 때문에 잠재변수 이름을 dem60으로 붙였다(4번). 여기까지 하면 첫 번째 요인이 구성되었다. 계속해서 **Add New Factor**를 클릭하여(5번) 새로운 요인 Factor2를 생성하여(6번) 이후부터 다시 위의 과정을 반복하며 새로운 잠재변수를 정의한다. 두 번째 잠재변수는 y5부

터 y8까지 항목으로 이루어져 있고 1965년의 민주주의 수준과 관련된 항목들로 구성되어 있어 잠재변수 이름을 dem65로, x1부터 x3까지의 항목으로 이루어진 세 번째 잠재변수는 1960년대 경제수준을 반영한 항목들로 구성되어 있어 ind60으로 명명했다.

참고로 측정변수나 잠재변수의 이름은 영문이나 숫자를 혼합하여 짓기를 권장한다. jamovi의 몇 가지 분석기법은 측정변수나 잠재변수의 이름을 한글로 붙였을 때 오류를 일으켜 분석이 되지 않는 경우가 발생한다.

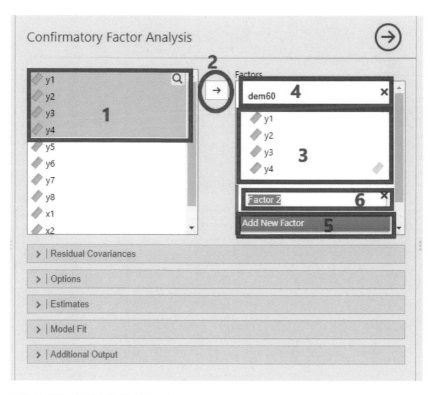

그림 29. 변수 이동과 요인 이름 붙이기

측정변수를 이동하여 잠재변수를 구성한 다음 분석상자에서 분석에 필요한 여러 사항들을 선택해야 한다. 〈그림 30〉에서 볼 수 있듯이, Options에서는 Missing Values Method와 Constraints를 설정해야 한다.

Missing Values Method에서 결측값 처리 방법에 대한 사항을 선택하게 되어 있는데, 기본 설정인 Full Information Maximum likelihood(FIML) 방법이 권장된다(1번). FIML 방법은 결측값이 다른 값으로 대체되는 것이 아니라 결측 자료가 모형에 포함되어 본래 자료에서 표본수가 줄어들지 않는 방법으로 원래 자료에 충실하게 추정하는 방법이다. FIML 방법은 확인적 요인분석, 구조방정식모형분석 등에서 결측값을 다루는 데 자주 활용되는 방법이다. Exclude cases listwise 방법은 결측값을 포함하는 표본을 분석에서 제외하고 남아 있는 측정값에 대한 분석을 수행하기 때문에 분석에 포함되는 표본수가 감소하게 되므로 통계적 검증력이 감소하게 된다.

잠재변수는 측정한 변수가 아니라서 척도(scale)를 가질 수 없기 때문에 Constraints에서 척도를 부여하기 위해 잠재변수의 분산을 특정 값으로 고정하거나(Factor variance=1) 또는 측정변수에 대한 잠재변수의 계수 중 하나를 특정한 값으로 고정한다(Scale factor=scale first indicator). 확인적 요인분석에서는 추정치를 해석할 때 표준화 계수(Standardized estimate)를 이용하므로 두 가지 중 어느 방법을 선택해도 무방하다. jamovi에서는 요인분산을 1로 고정하는 것을 기본 설정으로 제공하고 있으나 일반적으로 잠재변수의 요인계수를 1로 고정하는 방법이 널리 쓰인다. 따라서 Scale factor=scale first Indicator를 선택하기를 권장한다(2번)(설현수, 2022).

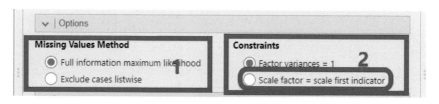

그림 30. 확인적 요인분석의 결측치 처리와 잠재변수 척도 부여

    Estimate 분석상자에서는 각종 결괏값(Results)과 통계치(Statistics)를 설정할 수 있다. 〈그림 31〉과 같이 Results에서 요인들 간의 공분산 추정값(Factor covariance)을, Statistics에서 유의도 검정(Test statistics)이 기본 설정되어 있다. 확인적 요인분석에서 추정치를 해석할 때 표준화 계수를 이용하기 때문에 통계치의 Standardized estimate를 선택해야(1번) 표준화 계수값이 요인 적재치(Factor Loadings) 결과에 나타난다. 또한 Residual Covariances를 선택하기(2번)를 권장한다. 요인분석의 타당성 검증을 할 때 AVE(Average Variance Extracted, 평균분산팽창)를 계산하기 위해 사용하는 측정오차 값을 얻기 위해서이다. 참고로 AVE는 표준화 추정치만 가치고도 계산할 수 있기 때문에 측정오차가 반드시 필요한 것은 아니다.

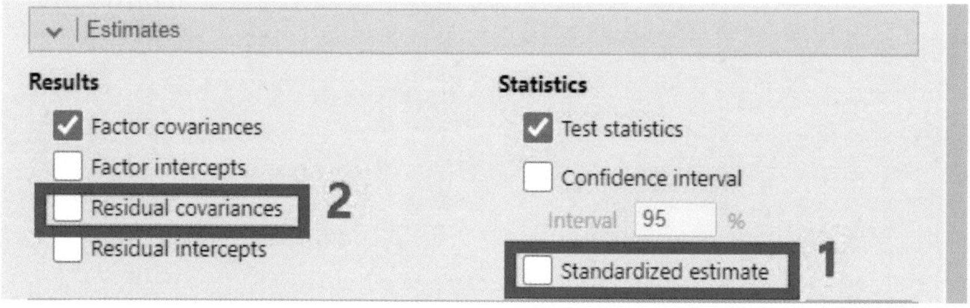

그림 31. 확인적 요인분석 결괏값 및 통계치 설정

Model fit 분석상자에서는 연구자가 설정한 요인구조에 대한 모형 적합도 값을 나타내기 위한 설정을 할 수 있다. 〈그림 32〉에서 볼 수 있듯이 Test for Exact Fit과 Fit Measure로 나누어 각종 적합도 지수를 선택할 수 있다.

Test for Exact Fit에서는 x^2 test가 기본 설정되어 있는데, x^2 검증은 표본크기에 민감하기 때문에 적합도 지수로 잘 사용하지 않는다. 즉, 표본이 커질수록 x^2 값이 커지므로 영가설을 기각할 확률이 높아진다. 따라서 동일한 모형이라도 표본의 크기에 따라 모형의 기각 여부가 결정되므로 모형 자체에 대한 평가가 제대로 이루어지기 어렵기 때문에 적합도 지수로 사용을 권장하지 않는다(김주환 외, 2009; 설현수, 2022).

Fit Measures에서는 CFI, TLI, RMSEA가 기본으로 설정되어 있다. CFI(Comparative Fit Index, 비교적합지수)는 모형 적합도를 검증할 때 표본크기에 영향을 비교적 덜 받는 지수이다. 일반적으로 0.9 이상이면 좋은 적합도 지수라고 해석한다. TLI(Tucker-Lewis Index)는 NNFI(Non-Normed Fit Index, 비표준적합지수)로 불리며 표본크기에 덜 민감하고 동시에 모형의 간명성(parsimony)을 고려하는 지수로 알려져 있다. 일반적으로 TLI 역시 0.9 이상이면 좋은 적합도 지수로 해석한다. RMSEA(Root Mean Square Error of Approximation, 근사오차평균자승의 이중근) 지수는 x^2 값의 한계를 극복하기 위해 개발된 적합도 지수로 표본 크기에 민감하지 않으면서 모형의 간명성도 동시에 고려한다. RMSEA 〈 0.05이면 좋은 적합도(close fit), RMSEA 〈 0.08이면 괜찮은 적합도(reasonable fit)로 해석한다. SRMR(Standardized RMR, 표준화 RMR)은 잔차평균자승이중근(RMR, Root Mean Square Residual)을 표준화한 값으로 RMR이 분석되는 표본자료의 측정단위들에 의해 좌우되기 때문에 공분산 잔차의 평균을 표준화한 것이다. 모형의 적합도가 완벽하다면

SRMR은 0이 된다. SRMR < 0.08 이면 좋은 모델 적합도로 판단한다. 최근에 구조방정식모형분석을 활용한 연구에서 많이 보고하는 적합도 지수이다(김계수, 2004; 배병렬, 2002, 2007; 설현수, 2022).

Factor 모듈의 확인적 요인분석은 모형의 적합도가 〈그림 32〉와 같이 필수적인 것만 제공하고 있다. 추가적인 모형 적합도가 필요한 경우 다음에 소개할 SEM 모듈을 활용하여 확인적 요인분석을 권한다.

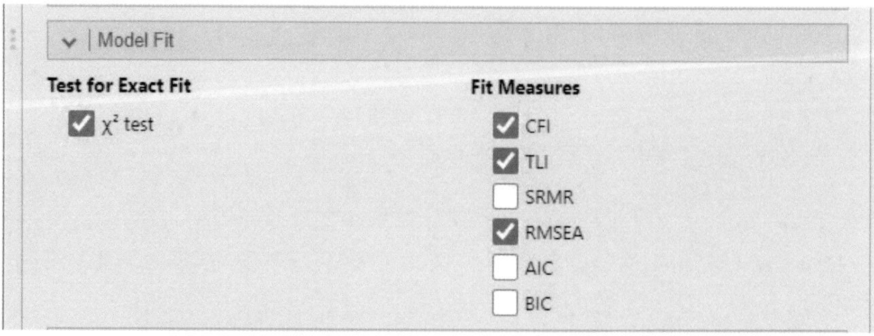

그림 32. 확인적 요인분석의 모형 적합도

Additional Output 분석상자에서는 〈그림 33〉처럼 추가적인 결과(output)를 출력하도록 설정할 수 있다. 여기서는 경로도를 표시할 수 있도록 하는 **path Diagram**이 기본으로 설정되어 있다. 필요하다면 모형수정을 위한 수정지수를 구할 수 있는 **Modification indices**를 선택할 수 있다. 수정지수는 특정한 하한값 이상을 하이라이트 처리할 수 있도록 설정할 수 있다. 수정지수는 모형수정을 위한 진단지표로 활용하는 지수로 모형의 적합도를 향상시킬 수 있는 가능성을 나타내는 지수이다. 수정지수의 적용은 적어도 5 이상(Jöreskog & Sorbom, 1993; 김계수, 2004), 보수적인 경우 10 이상으로 한다(김계수, 2004). 수정지수가 기준값을 초과하는 경우 다음에 설명할 Residual Covariances 분석상자에서 수정지수가 큰 측정오차 한 쌍을 확인하고 두 측정오차를 공분산으로 연결시켜 모형의 적합도를 개선시킬 수 있다.

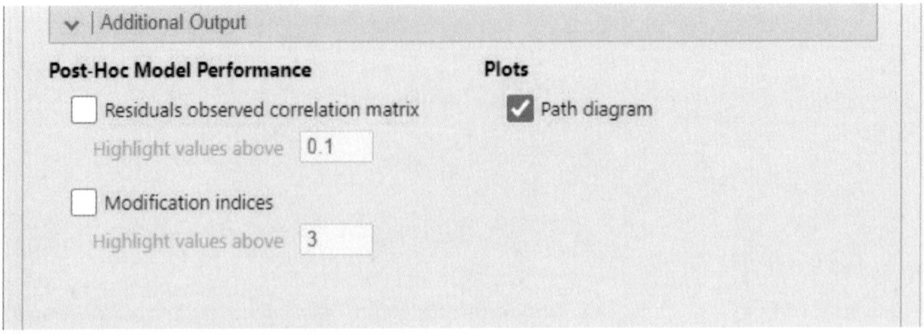

그림 33. 확인적 요인분석의 추가적인 결과

Residual Covariances 분석상자는 모형 적합도 개선을 위해 측정오차에 공분산 연결을 설정할 수 있다. 앞서 언급했듯이 수정지수를 이용하여 공분산 설정을 통해 모형의 적합도 개선이 필요할 경우에 측정오차 사이에 공분산을 설정한다. 공분산 설정에 수정지수에만 의존하면 모형을 설명하는 데 문제가 있을 수 있다. 측정오차들 사이에 공분산 설정은 이론적으로 설명이 가능하고 타당한 범위 내에서 엄격히 이루어질 필요가 있다(김계수, 2004). 따라서 같은 잠재변인 내의 측정오차 사이에서 공분산을 설정한다. 수정지수에만 의존하여 무리하게 모형의 적합도를 개선하기보다는 엄격하게 이론적으로 타당성을 확보한 후에 모형 수정을 권장한다. 〈그림 34〉에서 만약 y1과 y2 측정오차 사이에 수정지수가 기준치를 초과하여 공분산을 설정해야 할 필요가 있다면, 분석상자 왼쪽 창의 변인 목록에서 y1을 선택하여(1번) 화살표(→)로(2 번) 오른쪽 Residual Covariances 창으로 보내고(3번), 다시 왼쪽 창에서 y2를 선택하여 화살표로 오른쪽 창으로 보내면 두 측정오차 사이에 공분산이 설정된다.

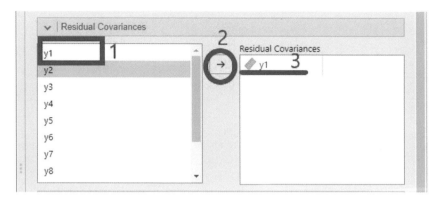

그림 34. 모형 적합도 개선을 위한 측정오차 간 공분산 설정

4. Factor 모듈을 활용한 확인적 요인분석 결과

jamovi의 통계분석 결과를 오른쪽의 결과 창에서 바로 확인할 수 있는 것이 jamovi의 장점이다. jamovi의 Factor 모듈을 활용하여 분석한 확인적 요인분석 결과를 살펴보자.

결과 창에서 우선 요인 적재치(Factor loadings)를 확인할 수 있다. 아래 〈표 1〉에서 볼 수 있듯이 각 요인(잠재변인)은 설정한 측정변인(indicator)으로 구성되어 있고, 비표준화 추정치(Estimate), 표준오차(SE), z 통계치, 유의수준(p) 및 표준화 추정치(Stand. Estimate)를 보여준다. 추정치는 Options 분석상자에서 Scale factor=scale first indicator를 선택했기 때문에 각 요인의 첫 번째 추정치는 1로 고정되었다. AMOS는 유의성 검증을 위한 통계치를 t 값을 제시하지만 jamovi에서는 z 값을 제공하고 있다.

표 1. Factor 모듈을 활용한 확인적 요인분석

Factor Loadings

Factor	Indicator	Estimate	SE	z	p	Stand. Estimate
dem60	y1	1.00ᵃ				0.863
	y2	1.22	0.175	6.95	〈.001	0.702
	y3	1.06	0.141	7.51	〈.001	0.732
	y4	1.23	0.138	8.90	〈.001	0.829
dem65	y5	1.00ᵃ				0.827
	y6	1.14	0.160	7.13	〈.001	0.729
	y7	1.24	0.148	8.35	〈.001	0.815
	y8	1.22	0.148	8.23	〈.001	0.810
ind60	x1	1.00ᵃ				0.920
	x2	2.18	0.139	15.69	〈.001	0.973
	x3	1.82	0.152	11.96	〈.001	0.872

ᵃ fixed parameter

다음으로 결과 창에서 〈표 2〉와 같은 요인 간 공분산 및 상관관계(Factor Covariances) 표를 볼 수 있다. 요인들 사이의 공분산(Estimate)과 표준오차(SE), z 값, 유의수준(p 값) 및 상관계수(Stand. Estimate, ρ)로 구성되어 있다.

표 2. 요인 간 공분산 및 상관관계

Factor Covariances

		Estimate	SE	Z	p	Stand. Estimate
dem60	dem60	5.055	1.1069	4.57	〈.001	1.000
	dem65	4.812	0.9502	5.06	〈.001	0.997
	ind60	0.679	0.2120	3.20	0.001	0.451
dem65	dem65	4.607	1.0673	4.32	〈.001	1.000
	ind60	0.839	0.2203	3.81	〈.001	0.584
ind60	ind60	0.449	0.0868	5.17	〈.001	1.000

그리고 **Estimates** 분석상자에서 **Residual covariances**를 선택하면 〈표 3〉과 같은 잔차 공분산(Residual Covariances)과 상관계수(Stand. Estimate) 표가 결과 창에 제시된다. 다음에 설명할 확인적 요인분석의 타당성 검증 가운데 집중타당성 검증에서 확인해야 하는 AVE와 개념신뢰도(Construct Reliability, CR) 계산에서 표준화 추정치(factor loading)만 또는 표준화 추정치와 잔차 (Estimate)를 함께 이용하여 계산한다.[2]

표 3. 잔차의 공분산 및 상관계수

Residual Covariances

		Estimate	SE	Z	p	Stand. Estimate
y1	y1	1.7322	0.3962	4.37	〈.001	0.2552
y2	y2	7.7433	1.3320	5.81	〈.001	0.5078
	y4	1.7140	0.6931	2.47	0.013	0.3307
	y6	2.2743	0.7108	3.20	0.001	0.3562
y3	y3	4.9350	0.9069	5.44	〈.001	0.4647
y4	y4	3.4690	0.7099	4.89	〈.001	0.3134
y5	y5	2.1276	0.4137	5.14	〈.001	0.3159
y6	y6	5.2643	0.8955	5.88	〈.001	0.4689
	y8	1.7075	0.5853	2.92	0.004	0.3936
y7	y7	3.5701	0.7160	4.99	〈.001	0.3350
y8	y8	3.5742	0.6947	5.14	〈.001	0.3439
x1	x1	0.0811	0.0197	4.12	〈.001	0.1530
x2	x2	0.1217	0.0700	1.74	0.082	0.0540
x3	x3	0.4665	0.0890	5.24	〈.001	0.2393

---

2 집중타당성 검증을 위한 AVE와 CR은 jamovi Factor 모듈을 활용한 확인적 요인분석에서 직접 확인할 수 없기 때문에 이를 계산할 수 있도록 개발된 Excel macro 파일을 이용해 계산할 수 있다. 이러한 Excel macro는 인터넷 검색을 해 보면 쉽게 얻을 수 있다. 그중 다양한 통계분석기법을 포함하고 있는 이일현(Lee, 2020)의 매크로 사용을 권장한다. 뒤에 소개하겠지만, jamovi의 SEM 모듈을 통해 확인적 요인분석을 수행할 때, Output options에서 Reliability indices을 선택하면 AVE와 R lavaan 패키지 사용이 증가하면서 자주 사용되는 개념신뢰도인 세 가지의 ω 값을 제시해 준다.

다음으로 모델의 적합도(Model Fit)에서 〈표 4〉의 x^2 검정 통곗값과 〈표 5〉에서 CFI, TLI 등과 같은 각종 적합도 추정치를 보여준다. 모형의 전반적인 부합도를 평가하는 절대적합지수인 x^2 검증에서 x^2=44.5, df=38, p=0.218로 x^2 검증의 귀무가설인 '모형은 모집단 자료에 적합하다'를 기각하지 못한다. 즉 설정한 모형이 모집단 자료에 적합하다고 볼 수 있다. 모형 적합도들 모두 앞에서 언급한 기준치를 만족시켜 모형의 적합도는 문제가 없는 것으로 나타났다. 각종 적합도 지수의 기준치는 뒤에 제시한다.

표 4. x^2 검정 통곗값

Test for Exact Fit		
x^2	df	p
44.5	38	0.218

표 5. 적합도 지수

Fit Measures				RMSEA 90% CI	
CFI	TLI	SRMR	RMSEA	Lower	Upper
0.990	0.986	0.0426	0.0476	0.00	0.0978

Additional Output 분석상자에서 수정지수(Modification indices)를 선택하면, Factor Loadings-Modification Indices와 Residual Covariances-Modification Indices 표를 제시해 준다. Residual Covariances-Modification Indices 표에서 높은 공변량을 갖는 변수 사이에 공분산을 설정하여 모형의 적합도를 개선할 수 있다. 앞서 언급하였듯이 단지 수정지수만을 의존한 모형수정은 모형을 설명하는 데 문제가 발생할 수 있다. 따라서 이론적으로나 경험적으로 충분히 타당성을 확보한 이후에 수정지수를 이용한 모형수정을 권장한다. 다시 강조하

지만 수정지수에만 의존하여 무리하게 모형의 적합도를 개선하기보다는 엄격하게 이론적으로 타당성을 확보한 후에 모형수정을 권장한다. **Confirmatory Factor Analysis** 모듈에서 **Residual Covariances**는 요인설정 다음으로 나오는 분석상자이지만 마지막으로 소개한 이유가 여기에 있다.

표 6. 요인 수정지수

Factor Loadings - Modification Indices

	dem60	dem65	ind60
y1		1.34826	1.4004
y2		1.98251	1.6241
y3		0.00785	0.0211
y4		4.39575	4.7289
y5	2.9135		2.2743
y6	0.0317		0.0994
y7	2.4629		1.8021
y8	1.76e-4		0.0117
x1	1.8686	1.91551	
x2	0.3315	0.33516	
x3	0.7682	0.79755	

표 7. 측정오차 수정지수

Residual Covariances - Modification Indices

	y1	y2	y3	y4	y5	y6	y7	y8	x1	x2	x3
y1		0.0603	2.495	0.6611	3.9230	1.525	1.8140	2.001	2.06375	1.1887	0.7153
y2			0.390		0.0260		0.3479	0.430	2.99944	0.9653	0.0748
y3				0.0911	0.2510	1.671	1.3668	0.658	0.00110	0.3598	0.5702
y4					1.2541	0.271	0.5205	1.215	0.89521	0.1610	0.5859
y5						0.175	0.0162	0.928	1.95107	0.0246	0.2545
y6							0.1083		0.03831	0.4670	1.3972
y7								2.417	1.82724	0.0107	0.3423
y8									0.00239	0.3581	0.7125
x1										0.3042	0.1984
x2											0.9099
x3											

마지막으로 결과 창에서 경로도(Path diagram)을 보여준다. 아래 그림은 수정지수에 의해서 공분산을 설정한 경로를 보여준다. Factor 모듈을 활용한 확인적 요인분석에서는 단순 경로도만 보여주지만, SEM 모듈을 활용하여 확인적 요인분석을 수행할 경우 경로계수 또는 표준화 경로계수(표준화 λ 값), 잠재변수 간 상관계수(ρ 값)를 표시해 준다는 장점이 있다.

참고로 y2와 y4, y6와 y8 사이의 공분산 설정은 동일한 잠재변수 내의 공분산이라 같은 개념을 측정하기에 상관이 높을 수 있기 때문에 공분산 설정이 문제 되지 않는다. 그러나 y2와 y6의 공분산 설정은 타당성을 검토해 볼 필요가 있다. y2는 1960년 정치적 반대의 자유를 측정한 변수이며 y6는 1965년 정치적 반대의 자유를 측정한 변수이다. 따라서 한 나라에서 정치적 상황이 급변하지 않으면 사실상 정치의사 표현의 자유는 시간이 지나도 일관성이 유지되어 상당한 연관이 있다고 볼 수 있다. 따라서 본 사례에서는 〈그림 35〉와 같이 측정변인 간에 공분산이 설정된 것으로 나타난다. 모형의 적합도 개선을 위해 공분산 설정으로 모형수정을 했을 경우 결과를 기술할 때 반드시 이에 대해서 밝혀야 한다.

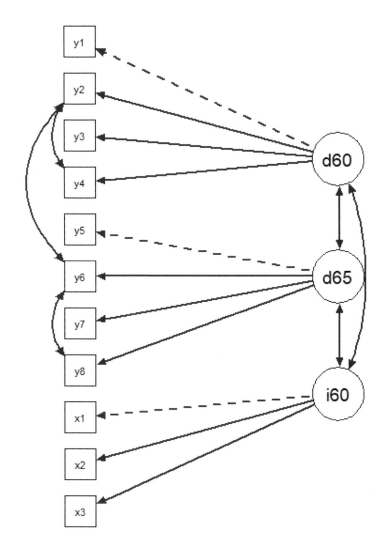

그림 35. Factor 모듈을 활용한 확인적 요인분석 경로도

5. 확인적 요인분석의 타당성 분석

측정도구에 의해서 측정된 것 또는 조사자가 측정하고자 하는 추상적 개념이 실제로 측정도구에 의해서 적절하게 측정되었다면 개념타당성 또는 구성타당성(construct validity)이 높다고 한다. 이 개념타당성은 세 가지로 나눌 수 있다. 첫째로 집중타당성 또는 수렴타당성(convergent validity)은 어떤 하나의 구성개념을 측정하기 위하여 다양한 측정방법을 사용했다면 측정값들 사이에 상관관계가 높아야 한다는 것을 의미한다. 즉, 확인적 요인분석에서 잠재변수를 측정하기 위한 측정변수들 사이에 상관관계가 높아야 한다는 의미이다. 둘째, 판별타당성(discriminant validity)은 서로 다른 구성개념에 대한 측정을 실시하여 얻게 된 측정값들 사이에 상관관계가 낮아야 한다는 것을 의미한다. 즉, 확인적 요인분석 측면에서 볼 때, 잠재변수 간에는 상관관계가 낮게 나타나야 판별타당성이 확인되었다고 판단할 수 있다. 셋째, 법칙타당성 또는 이해타당성(nomological validity)은 서로 다른 구성개념들 사이에 이론적인 관계가 있을 경우 이를 측정한 값들 간에도 이론적인 관계에 상당하는 관계가 확인되는 경우를 의미한다. 일반적으로 확인적 요인분석과 구조방정식모형분석에서는 집중타당성과 판별타당성을 보고한다.

확인적 요인분석과 구조방정식모형분석에서 집중타당성을 검증할 때는 전통적으로 세 가지 값을 기준으로 판단한다.

표준화 요인적재치(Standardized λ) ≥ 0.5 또는 ≥ 0.7 바람직함
평균분산추출(Average Variance Extracted, AVE) ≥ 0.5
개념신뢰도(Construct Reliability, CR) ≥ : 0.7

표준화 요인적재치는 〈표 8〉에서 Stand. Estimate 값을 말하는데, 모두 0.5 이상으로 문제가 없는 것으로 나타났다. AVE와 Construct Reliability는 앞에서 언급한 이일현(2020)의 EasyFlow Statistics macro를 활용하여 계산하였다. 이 macro는 표준화 추정치(Stand. Estimate) 값만으로 또는 표준화 추정치와 잔차 (〈표 3〉의 Estimate)를 같이 투입하여 구할 수 있다. 아래 표에서 볼 수 있듯이, AVE 값도 기준치 0.5를 모두 상회하고 있고, 개념신뢰도(CR) 역시 기준 0.7을 모두 초과하고 있어 집중타당성은 문제가 없는 것으로 나타났다. 〈표 8〉은 확인적 요인분석의 집중타당성 검증과 관련하여 일반적으로 논문에 제시되는 양식이다. 표를 제시할 때는 투고하고자 하는 저널의 기존 연구를 참고할 것을 권고한다.

표 8. 집중타당성 검증

Factor	Indicator	Estimate	SE	Z	p	Stand. Estimate	AVE	Construct Reliability
dem60	y1	1.00				0.863	0.615	0.864
	y2	1.22	0.175	6.95	〈.001	0.702		
	y3	1.06	0.141	7.51	〈.001	0.732		
	y4	1.23	0.138	8.9	〈.001	0.829		
dem65	y5	1.00				0.827	0.634	0.874
	y6	1.14	0.16	7.13	〈.001	0.729		
	y7	1.24	0.148	8.35	〈.001	0.815		
	y8	1.22	0.148	8.23	〈.001	0.81		
ind60	x1	1.00				0.92	0.851	0.945
	x2	2.18	0.139	15.69	〈.001	0.973		
	x3	1.82	0.152	11.96	〈.001	0.872		

확인적 요인분석과 구조방정식모형분석에서 판별타당성을 검증할 때는 전통적으로 다음 두 가지를 보고 평가한다.

평균분산추출(AVE) > 상관계수의 제곱(ρ^2)

상관계수(ρ)±(2 x 표준오차) ≠ 1

우선 변수 간의 AVE 값이 요인(잠재변수)의 상관계수(ρ)의 제곱보다 반드시 커야 한다(Fornell & Larcker, 1981) 또는 AVE의 제곱근 값이 요인의 상관계수보다 커야 한다(Gefen & Staub, 2005). 위의 〈표 2〉에서 요인 간 상관관계는 Stand. Estimate를 말한다. 이를 바탕으로 요인 간 상관관계 제곱을 계산하면 다음 〈표 9〉와 같다. 판별타당성을 확보하기 위해서는 AVE가 상관계수의 제곱보다 커야 하지만, dem60과 dem65의 AVE 값이 각각 0.615와 0.634로 두 요인의 상관계수의 제곱 0.994보다 작다. 따라서 두 잠재변인 간에는 판별타당성이 문제가 있다. 이는 앞서도 설명했듯이 한 나라의 제도나 정치적 상황은 지속성을 가지고 점진적으로 변화한다. 따라서 두 변인 사이에 연관성과 유사성이 깊을 수밖에 없기 때문이다. 참고로 요인이 많을 경우 상관계수와 AVE의 제곱근으로 비교할(Gefen & Staub, 2005) 것을 추천한다. 변인이 증가하면 상관계수 개수가 증가하게 되고 그만큼 여러 번 상관계수 제곱을 계산해야 하지만 AVE 제곱근은 개수는 상대적으로 적은 횟수로 계산하기 때문이다.

표 9. 상관계수 제곱과 AVE

	상관계수 제곱		AVE
	dem60	dem65	
dem60			*0.615*
dem65	0.994		*0.634*
ind60	0.203	0.341	*0.851*

또 하나의 판별타당성 검증 방법은 상관계수(ρ)와 표준오차(Standard Error,

SE)를 이용해 확인한다. 즉 표준오차에 2를 곱한 값을 상관계수에 더하거나 뺀 범위에 1이 포함되지 않아야 한다. 여기서 표준오차는 앞의 〈표 2〉의 SE 값을 말한다. 이 값에 2를 곱하여 〈표 2〉의 Stand. Estimate(ρ) 값에 대하여 뺄셈과 덧셈을 계산하면 〈표 10〉과 같다.

dem60과 dem65 사이에서 $\rho \pm 2SE$ 값이 1을 포함하여 두 요인 사이에 판별타당성이 문제가 있는 것으로 나타났다. 또 dem65와 ind60 요인 사이에도 판별타당성이 문제가 있는 것을 알 수 있다.

표 10. 상관계수(ρ)±2 x 표준오차

		ρ	SE	2SE	ρ-2SE	ρ+2SE
dem60	dem65	0.997	0.9502	1.9004	−0.9034	2.8974
	ind60	0.451	0.212	0.424	0.027	0.875
dem65	ind60	0.584	0.2203	0.4406	0.1434	1.0246

6. SEM(interactive) 모듈을 활용한 확인적 요인분석

앞서 Factor의 Confirmatory Factor Analysis 모듈을 활용한 확인적 요인분석 방법을 살펴보았다. 지금부터는 SEM(interactive) 모듈을 활용한 확인적 요인을 수행하는 과정을 설명한다. 두 방법 모두 동일하거나 유사한 결괏값을 산출해 내지만 모형 적합도 같은 통계치에 있어 SEM 모듈을 활용하면 더 많은 정보를 얻을 수 있어 Factor 모듈보다 모형설정에서 다소 복잡하지만 SEM 모듈 활용을 추천한다.

jamovi를 실행하고 분석할 자료를 불러온 다음 〈그림 36〉과 같이 SEM 탭에서 SEM(interactive)을 클릭하여 SEM 모듈을 실행한다.

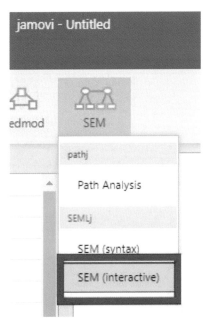

그림 36. 확인적 요인분석을 위한 SEM(interactive) 모듈 실행

SEM(interactive) 모듈을 실행하면 구조방정식모형분석을 수행할 수 있는 분석상자가 열린다. 잠재변수를 설정할 수 있는 분석상자에는 왼쪽 창에 분석할 자료의 목록이 나타나 있고 오른쪽 창에 내생잠재변수(Latent Endogenous Variables)와 외생잠재변수(Latent Exogenous Variables)를 정의할 수 있도록 구성되어 있다. 여기서는 확인적 요인분석을 수행하기 위해서 외생잠재변수만 정의하면 된다.

먼저 〈그림 37〉처럼 잠재변수 dem60을 정의하기 위해서(1번) y1부터 y4까지 측정변수를 선택하여(2번) 화살표(→)를 클릭하여(3번) 오른쪽 창으로 이동시킨다(4번). 계속해서 Add New Latent를 클릭하여(5번) 새로운 외생잠재변수(Exogenous)를 생성하고 위의 과정을 반복한다.

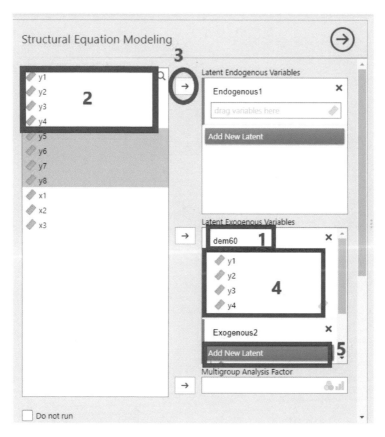

그림 37. 모형구성을 위한 측정변수 이동

측정변수를 외생잠재변수 창으로 이동한 다음 확인적 요인분석을 위한 모형을 구성한다. 분석모형은 〈그림 38〉과 같이 **Variances and covariances** 분석상자를 클릭한 다음 dem60을 클릭하고(1번) 화살표(→)를 클릭하여(2번) **Select pairs** 창으로 이동시킨다(3번). 계속해서 왼쪽 변수 창에서 dem65를 클릭하고(4번) 다시 화살표를 클릭하여(5번) 오른쪽 창으로 이동시킨다(6번). 이러한 이동 과정을 통해 Select pairs 창에 dem60-dem65, dem60-ind60, dem65-ind60 쌍으로 이루어진 분석 모형을 구성한다. 분석상자 하단의 상관관계

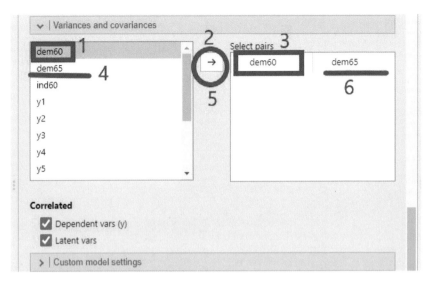

그림 38. 확인적 요인분석을 위한 모형 구성

(Correlated)가 기본 옵션으로 설정되어 있다.

이 과정은 잠재변수 사이에 상관관계를 설정하는 과정으로 Factor 모듈을 활용한 확인적 요인분석보다 다소 복잡한 과정이다. 이 과정에서 특히 잠재변수가 많을 경우 잠재변수 쌍이 누락되지 않도록 주의해야 한다.

다음으로 Model options 분석상자를 살펴보자. 〈그림 39〉에서 볼 수 있듯이, 여기서는 추정치 추정방법(Estimation Method)과 자료의 결측값 처리(Missing values)에 관한 선택을 할 수 있다. 추정방법은 기본 설정이 자동(Automatic)으로 설정되어 있으나 일반적으로 최대우도법으로 부르는 Maximum Likelihood(ML)를 권장한다(1번). 결측값 처리는 앞서 설명했듯이 기본 옵션인 Delete listwise 대신에 결측값이 있는 표본을 탈락시키지 않아 표본수의 감소가 없는 FIML로 설정한다(2번).

다음은 모수치(parameter) 추정 관련 설정인 Parameters options 분석상

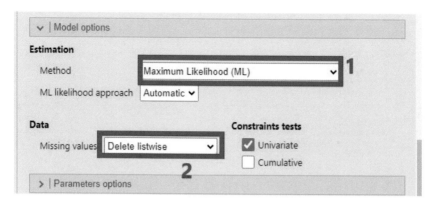

그림 39. 확인적 요인분석의 추정치 추정과 결측값 처리 설정

자를 설명한다. 〈그림 40〉에서 볼 수 있듯이 표준오차를 얻기 위한 설정인 Standard Errors는 기본 설정이 Automatic으로 되어 있으나 Bootstrap을 선택하기를 추천한다. Bootstrap Rep.은 부트스트래핑 반복 횟수를 지정할 수 있는데 1,000회가 기본으로 설정되어 있으나, 부트스트래핑 횟수가 많아지면 그만큼 결과가 안정적으로 되지만 분석 시간이 많이 소요된다. 최근의 경향은 2,000회 이상으로 설정해야 한다고 보고되고 있다(노경섭, 2019). Scale/standardize variables에서 일반적인 방법인 Latent vars.: Fix first indicator(to 1)가 기본으로 설정되어 있다.

〈그림 41〉은 분석 결과 출력에 대한 설정인 Output options를 보여준다. Additional outputs에서 추가적인 적합도 측정치(Additional fit measures)와 표본의 정규분포성을 평가하기 위한 왜도(skewness)와 첨도(kurtosis)에 관한 통계량을 보여주는 Mardia's coefficients, 신뢰도와 집중타당도 관련 통계량을 보여주는 Reliability indices, 판별타당성과 관련 있는 HTMT 상관비율(Heterotrait-monotrait(HTMT) ratio of correlations) 출력에 관한 선택을 할 수 있다. Modification indices에서는 특정한 값을 지정하여 이에 미달하는 수정

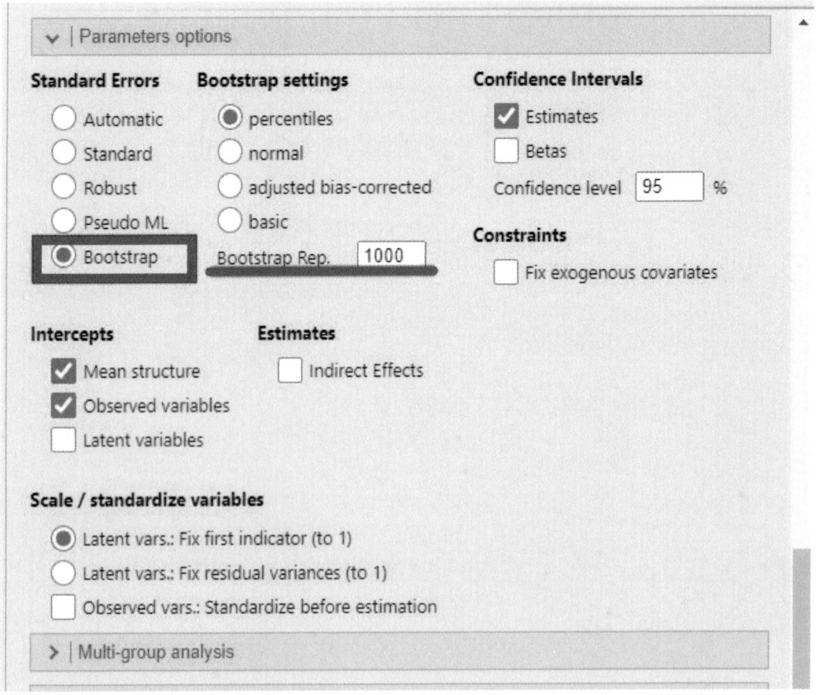

그림 40. 확인적 요인분석의 모수치 추정 설정

지수가 나타나지 않게 설정하여 공분산을 설정할 변수쌍을 쉽게 찾을 수 있다. R–squared는 AMOS의 다중상관자승(squared multiple correlation) 값과 같은 값으로 측정모형분석, 즉 확인적 요인분석에서 R^2 값이 높으면, 잠재변수의 측정치로서 좋은 측정변수가 사용되었으며 측정모형이 잘 가설화되었다는 것을 의미한다. 구조모형에서 R^2 값이 높으면 내생잠재변수가 외생잠재변수 및 내생잠재변수들에 의해 설명이 잘 되었음을 의미한다. 여기서는 All을 선택하면 각 측정변수의 설명력을 볼 수 있다(배병렬, 2002, 2007).

SEM 모듈을 활용한 확인적 요인분석의 Path diagram 분석상자에서는 경로도 관련 사항을 설정할 수 있다. 〈그림 42〉와 같이 결과에 경로도를 출력하기

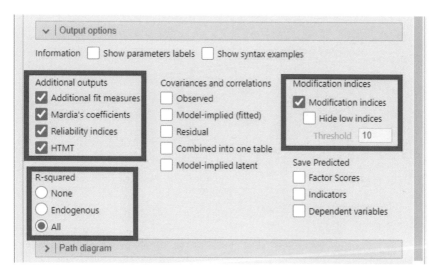

그림 41. 확인적 요인분석 분석결과 출력 설정

위해서 우선 Path diagram을 선택한다. 경로도에 추가적으로 잔차나 절편을 같이 출력하고자 하면 Show residuals 또는 Show intercepts를 선택하면 된다. 잔차나 절편이 필수적인 상황이 아니라면 분석 시간이 상당히 소요되기 때문에 경로도만 출력을 권장한다. Paths에서는 경로계수 값 출력 종류를 설정할 수 있다. 비표준화 경로계수를 출력하도록 Coefficients가 기본 설정되어 있다. 확인적 요인의 요인적채치로 많이 사용하는 표준화 추정치 출력을 위해서는 Betas를 선택하면 된다. Nodes에서는 경로도에 출력되는 변수들의 크기(Node size), 측정변수의 모양(Manifest shapes), 잠재변인의 모양(Latent shapes) 및 변수명의 글자수(Abbreviate)를 설정할 수 있다. SEM 모듈을 활용한 확인적 요인분석이 Factor 모듈을 활용했을 때보다 경로도에서 경로계수, 잔차 및 절편 등의 더 많은 정보를 출력해 주는 장점이 있다.

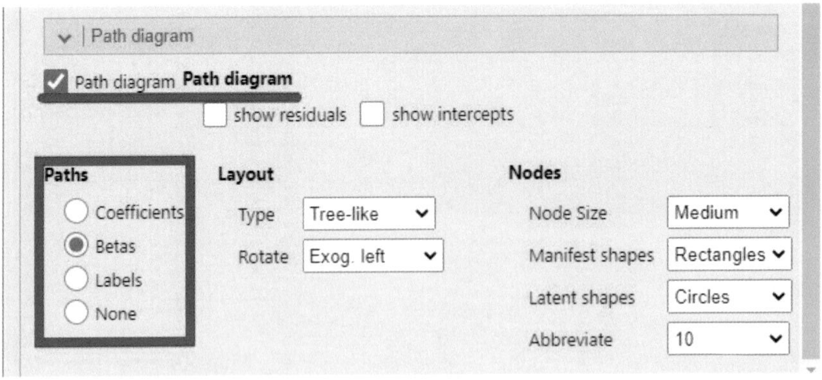

그림 42. 경로도 출력 설정

7. SEM(interactive) 모듈을 활용한 확인적 요인분석 결과

SEM 모듈을 활용한 확인적 요인분석 결과는 가장 먼저 〈표 11〉과 같은 모형의 정보(Models Info)부터 출력한다. 앞서 살펴본 추정방법 등을 비롯한 여러 가지 선택사항과 설정된 모형을 보여준다. Estimate Method에서 최대우도법을 선택했음을 보여주는 ML을 출력하고 있다. R언어의 최적화 방식(Optimization Method) 중 NLMINB 방식을 활용했음을 보고하고 있다. 다음으로 표본수(Number of observation), 모형 예측에 투입된 자유모수(Free parameters)의 수 등에 대한 정보 보고와 설정된 연구모형(Model)에 대해서 보고한다.

연구모형을 살펴보면, R언어의 신택스(syntax)로 먼저 각각의 잠재변인의 측정모형을 정의하고 다음으로 잠재변인 사이의 구조모형을 보여준다. 그리고 추가적으로 수정지수를 반영하여 모형수정을 했을 때 공분산을 설정한 측정 변수쌍을 보여준다. 이는 앞서 Factor 모듈을 활용한 확인적 요인분석에서 수정지수에 의해서 공분산을 설정했던 측정 변수쌍과 동일하다.

표 11. 모형 정보

Models Info	
Estimation Method	ML
Optimization Method	NLMINB
Number of observations	75
Free parameters	39
Standard errors	
Scaled test	None
Converged	TRUE
Iterations	78
Model	dem60=~y1+y2+y3+y4
	dem65=~y5+y6+y7+y8
	ind60=~x1+x2+x3
	dem60~~dem65
	dem60~~ind60
	dem65~~ind60
	y2~~y4
	y2~~y6
	y6~~y8

다음으로 전체적인 모형 검증결과로서 모형 적합도 관련 사항을 출력한다. 〈표 12〉와 같이 모형의 적합성 판정을 위한 x^2 검증 결과를 보여주고 있다. 설정한 모형인 User Model의 x^2=44.5, df=38, p=0.218로 x^2 검증의 영가설인 '모형은 모집단 자료에 적합하다'를 기각하지 못한다. 즉 설정한 모형이 모집단 자료에 적합하다고 볼 수 있다.

표 12. x^2 검증 통겟값

Model tests			
Label	X^2	df	p
User Model	44.5	38	0.218
Baseline Model	730.7	55	〈.001

다음의 〈표 13〉, 〈표 14〉 및 〈표 15〉는 여러 가지 모형 적합도를 보여준다. 〈표 13〉은 x^2과 함께 모형의 전반적 적합도를 평가할 수 있는 절대적합도지수 (absolute fit index)인 SRMR과 RMSEA를 보여주고 있다. SRMR은 RMR을 표준화한 것으로, RMR이 표본자료의 측정단위에 영향을 많이 받기 때문에 이를 보완하기 위해 SRMR은 공분산 잔차의 평균을 표준화한 것이다. 모형 적합도가 완벽하다면 SRMR은 0이 된다. SRMR은 0.08 이하이면 모형 적합도가 좋은 것으로 판단한다. RMSEA는 x^2의 한계를 극복하기 위해서 개발된 적합도지수로 0.05~0.08의 범위를 보일 때 수용할 수 있는 것으로 간주하고(배병렬, 2002, 2007) 또는 0.10 이하이면 자료를 잘 적합시키고 0.05 이하이면 매우 잘 적합시키고, 0.01 이하이면 가장 좋은 적합도라고 한다(Steiger, 1990; 배병렬, 2002, 2007).

표 13. 모형 적합도1

Fit indices				
		95% Confidence Intervals		
SRMR	RMSEA	Lower	Upper	RMSEA p
0.043	0.048	0.000	0.098	0.496

〈표 14〉는 기초모형(독립모형)에 대한 제안모형의 적합도를 비교하는 증분 적합도지수(incremental fit index)를 출력하고 있다. Bentler(1990)가 개발한

CFI는 0~1 사이의 값을 가지며 0.90 이상이면 좋은 적합도를 갖는 것으로 본다. TLI와 NNFI는 일반적으로 0~1 사이에 있으나 이 범위를 벗어날 수 있다. 권장 수용수준은 0.90 이상이다. RNI는 McDonald와 Marsh(1990)에 의해 개발되었는데, 0~1 범위를 벗어날 수 있지만 0.9 이상이면 우수한 적합도로 본다. NFI는 기초모형에 비해 제안모형이 어느 정도 향상되었는가를 나타낸 적합도로 NFI가 0.9라면 기초모형에 비해 제안모형이 90% 향상되었음을 의미한다. NFI는 0~1까지 범위를 갖고 일반적으로 0.9 이상이면 수용할 만하다고 본다. RFI와 IFI는 0~1 사이의 값을 가지며 0.9 이상이면 좋은 적합도로 판단한다. PNFI는 NFI를 수정한 값으로 수용 가능한 적합도의 권장수준은 정해져 있지 않으나 모형들을 비교할 때 그 차이 값의 범위가 0.6~0.9 사이에 있으면 모형에 차이가 있는 것으로 간주한다(배병렬, 2002, 2007).

표 14. 모형 적합도2

User model versus baseline model	
	Model
Comparative Fit Index (CFI)	0.990
Tucker–Lewis Index (TLI)	0.986
Bentler–Bonett Non-normed Fit Index (NNFI)	0.986
Relative Noncentrality Index (RNI)	0.990
Bentler–Bonett Normed Fit Index (NFI)	0.939
Bollen's Relative Fit Index (RFI)	0.912
Bollen's Incremental Fit Index (IFI)	0.991
Parsimony Normed Fit Index (PNFI)	0.649

⟨표 15⟩는 추가적인 적합도 지수를 출력하고 있다.

표 15. 모형 적합도3

Additional fit indices	Model
Hoelter Critical N (CN), a=0.05	91.053
Hoelter Critical N (CN), a=0.01	104.175
Goodness of Fit Index (GFI)	0.995
Adjusted Goodness of Fit Index (AGFI)	0.990
Parsimony Goodness of Fit Index (PGFI)	0.491
McDonald Fit Index (MFI)	0.958
Expected Cross-Validation Index (ECVI)	1.633
Loglikelihood user model (H0)	−1550.958
Loglikelihood unrestricted model (H1)	−1528.728
Akaike (AIC)	3179.917
Bayesian (BIC)	3270.299
Sample-size adjusted Bayesian (SABIC)	3147.381

표 16. 적합도 지수와 수용수준

적합도지수	설명	값의 범위	수용수준
x^2	SEM이 개발된 초기에 가장 많이 사용된 방법	x^2 표에서의 임계치	계산된 x^2과 임계치를 비교 수치가 낮을수록 좋음
AGFI		0~1	0.9 이상 우수
AIC	두 모형 간의 비교에 사용	0~음수	대안모형과 비교(작을수록 우수)
BFI		0~1	0.9 이상 우수
CAIC			대안모형과 비교(작을수록 우수)
CFI		0~1	0.9 이상 우수
CN	현재 사용하지 않는 지수		2.00 이상이면 우수
ECVI		0~무한	작을수록 우수
GFI		0~1	0.9 이상 우수
IFI		0~1	0.9 이상 우수
NFI		0~1	0.9 이상 우수
NNFI(TLI)		0~1	0.9 이상 우수
normed x^2	x^2/df		2.0 이하이면 우수
PGFI	두 모형 간의 비교에 사용	0~1	대안모형 값과 비교(클수록 우수)
PNFI	두 모형 간의 비교에 사용	0~1	대안모형 값과 비교(클수록 우수)
RFI		0~1	0.9 이상 우수
RMR/SRMR			0.05 이하면 우수
RMSEA			0.05보다 작으면 우수
RNI		0~1	0.9 이상 우수

출처: 노경섭, 2019; 배병렬, 2002, 2007

Hoetler의 CN은 x^2 검증을 위해 주어진 유의수준에 구조방정식모형분석에서 수용할 수 있는 적절한 표본 크기를 나타내 주는 지수이다. CN은 200을 넘으면 모형이 표본자료를 적절하게 나타내는 것으로 해석한다. GFI는 표본크기나 다변량 정규성의 위반에 별로 영향을 받지 않으며 모형의 적합도를 잘 설명해 주는 것으로 알려져 있다. 보편적으로 권장되는 수용수준은 0.9 이상이며 제안모형의 적합도가 매우 나쁜 경우에 음수가 될 수도 있으나 일반적으로 0~1 사이의 값을 갖는다. AGFI는 GFI를 확장시킨 것으로 일반적으로 0~1 사이의 값을 갖지만 벗어나는 경우도 있다. 권장 수용수준은 0.9 이상이다. 표본의 크기가 작거나 또는 적합도가 매우 안 좋은 경우에 드물게 음수 값이 나타날수 있다. PGFI 역시 GFI를 수정하여 구한 값으로 0~1 사이의 범위를 가지며값이 높을수록 간명도가 높은 것으로 해석한다. MFI는 0~1 사이의 값을 가지며 1에 가까울수록 모형 적합도가 높은 것으로 간주한다. ECVI는 적절한 값의범위가 없기 때문에 이 값 자체로는 정보를 얻지 못한다. ECVI 평가를 위해서는 다른 모형의 ECVI와 비교하여 ECVI가 작을수록 좋은 모형이라고 할 수 있다. ECVI의 하한값은 0이지만 상한값의 한계가 없다. 통계정보이론에 기초한지수인 AIC는 0에 가까울수록 적합도가 좋으며 높은 간명도(parsimony)를 가진 모형임을 의미한다. 앞에서 살펴본 적합도 지수와 수용수준을 정리하면 〈표16〉과 같다. 적합도 지수의 선택은 투고하고자 하는 저널의 기존 연구를 참조하여 사용하기를 바란다.

다음으로 확인적 요인분석에서 잠재변수가 측정변수에 의해 설명되는 정도를 나타내는 다중상관자승 R^2 표가 제시된다. R^2은 표준화 추정치(λ)를 제곱한값이다. 확인적 요인분석에서, 즉 측정모형에서 R^2 값이 크다는 것은 잠재변수의 측정치로서 좋은 측정변수가 사용되었으며 측정모형이 잘 가설화되었음을 의미한다(배병렬, 2002, 2007).

표 17. 측정변수의 설명력

Variable	R^2
y1	0.745
y2	0.492
y3	0.535
y4	0.687
y5	0.684
y6	0.531
y7	0.665
y8	0.656
x1	0.847
x2	0.946
x3	0.761

다음으로 〈표 18〉은 확인적 요인분석의 비표준화 추정치와 표준화 추정치를 보여주는 Measurement model 결과를 출력한다. Factor 모듈을 활용한 확인적 요인분석과 같은 결과를 보여주나 추가적으로 95% 신뢰구간을 출력하고 있고 표준화 추정치(standardized λ)를 β로 표기하고 있다.

표 18. SEM 모듈을 활용한 확인적 요인분석

Measurement model

Latent	Observed	Estimate	SE	95% Confidence Intervals		β	z	p
				Lower	Upper			
dem60	y1	1.00	0.000	1.000	1.00	0.863		
	y2	1.22	0.152	0.951	1.56	0.702	8.02	<.001
	y3	1.06	0.136	0.818	1.35	0.732	7.81	<.001
	y4	1.23	0.139	0.976	1.53	0.829	8.80	<.001
dem65	y5	1.00	0.000	1.000	1.00	0.827		
	y6	1.14	0.179	0.843	1.55	0.729	6.35	<.001
	y7	1.24	0.172	0.967	1.64	0.815	7.23	<.001
	y8	1.22	0.180	0.917	1.65	0.810	6.74	<.001
ind60	x1	1.00	0.000	1.000	1.00	0.920		
	x2	2.18	0.146	1.916	2.50	0.973	14.90	<.001
	x3	1.82	0.145	1.542	2.12	0.872	12.55	<.001

다음 〈표 19〉는 요인(잠재변수) 간 그리고 측정변수 간 공분산과 상관관계를 보여주고 있다. Factor 모듈을 활용한 확인적 요인분석은 〈표 2〉와 〈표 3〉으로 분리되어 있었으나 SEM 모듈을 통한 확인적 요인분석에서는 한 표에 요인 간 공분산과 상관관계와 측정변수 간 공분산과 상관관계를 같이 보여주고 있다. 공분산은 Estimate로 상관관계는 β로 제시되고 있다. 계속해서 공분산과 상관관계 표 다음에 Factor 모듈의 확인적 요인분석에서 제공하지 않았던 〈표 20〉과 같은 측정변수의 절편(intercepts) 표가 출력되고 있다.

표 19. 잔차의 공분산 및 상관관계

Variances and Covariances

Variable 1	Variable 2	Estimate	SE	95% Confidence Intervals		β	z	p
				Lower	Upper			
dem60	dem65	4.8121	0.8034	3.1662	6.379	0.9972	5.99	〈.001
dem60	ind60	0.6789	0.1915	0.3285	1.050	0.4507	3.54	〈.001
dem65	ind60	0.8392	0.2245	0.4281	1.277	0.5836	3.74	〈.001
y2	y4	1.7140	0.7799	0.2296	3.241	0.3307	2.20	0.028
y2	y6	2.2743	0.8390	0.6881	3.970	0.3562	2.71	0.007
y6	y8	1.7075	0.7718	0.3190	3.240	0.3936	2.21	0.027
y1	y1	1.7322	0.3873	1.0231	2.543	0.2552	4.47	〈.001
y2	y2	7.7433	1.3537	5.2023	10.472	0.5078	5.72	〈.001
y3	y3	4.9350	1.0875	2.8223	7.173	0.4647	4.54	〈.001
y4	y4	3.4690	0.7724	1.9689	4.935	0.3134	4.49	〈.001
y5	y5	2.1276	0.5518	1.1722	3.293	0.3159	3.86	〈.001
y6	y6	5.2643	0.9550	3.3475	7.125	0.4689	5.51	〈.001
y7	y7	3.5701	0.6973	2.1196	4.877	0.3350	5.12	〈.001
y8	y8	3.5742	0.8664	1.8762	5.192	0.3439	4.13	〈.001
x1	x1	0.0811	0.0178	0.0430	0.114	0.1530	4.56	〈.001
x2	x2	0.1217	0.0731	−0.0295	0.265	0.0540	1.66	0.096
x3	x3	0.4665	0.0837	0.3050	0.633	0.2393	5.57	〈.001
dem60	dem60	5.0547	0.8253	3.3284	6.631	1.0000	6.12	〈.001
dem65	dem65	4.6071	0.9666	2.7792	6.616	1.0000	4.77	〈.001
ind60	ind60	0.4489	0.0703	0.3097	0.578	1.0000	6.38	〈.001

표 20. 측정변수의 절편

Intercepts

Variable	Intercept	SE	95% Confidence Intervals		z	p
			Lower	Upper		
y1	5.465	0.306	4.832	6.029	17.865	〈.001
y2	4.256	0.443	3.341	5.092	9.616	〈.001
y3	6.563	0.372	5.802	7.295	17.651	〈.001
y4	4.453	0.381	3.668	5.214	11.681	〈.001
y5	5.136	0.298	4.519	5.682	17.263	〈.001
y6	2.978	0.376	2.237	3.752	7.923	〈.001
y7	6.196	0.380	5.436	6.915	16.285	〈.001
y8	4.043	0.365	3.324	4.711	11.091	〈.001
x1	5.054	0.082	4.884	5.219	61.680	〈.001
x2	4.792	0.167	4.452	5.115	28.696	〈.001
x3	3.558	0.157	3.244	3.888	22.645	〈.001
dem60	0.000	0.000	0.000	0.000		
dem65	0.000	0.000	0.000	0.000		
ind60	0.000	0.000	0.000	0.000		

이어서 Additional outputs에서는 신뢰도, 판별타당성 및 분포의 정규성을 평가하기 위한 Reliability indices, Heterotrait-monotrait(HTMT) ratio of correlations, Mardia's Coefficients를 출력한다.

〈표 21〉은 측정의 내적 일관성 신뢰도 크론바흐의 알파(Cronbach's α)와 합성신뢰도(composite reliability) 평가를 위해 최근 사회과학 분야에서 적극 권장되는(Becon, Sauer & Young, 1995; Dunn, Baguley & Brunsden, 2014; Padilla & Divers, 2016; Viladrich, Angulo-Brunet & Doval, 2017; Zhang & Yuan, 2016; 윤철호 · 최광돈, 2015; 이수경 · 김기옥, 2019) 각종 ω 계수들과 AVE를 보여주고 있다. Factor 모듈을 활용한 확인적 요인분석에서는 α, AVE, 개념신뢰도(C. R.) 값을 따로 출력하지 않는다. 즉 α를 구하기 위해서는 Factor 탭의 Reliability Analysis 모듈을 통해 분석을 해야 하고 AVE와 개념신뢰도를 얻기

위해 각종 Excel macro를 통한 추가적인 계산이 필요했다. SEM 모듈을 활용하여 확인적 요인분석을 수행하면 결과로 제공되는 α 계수로 측정의 신뢰도와 개념신뢰도 ω 계수와 AVE 값으로 집중타당성을 평가할 수 있어 편리하다. 합성신뢰도 평가를 위해서 ω 계수는 0.6 이상(Bagozzi & Yi, 1988) 또는 최근에 0.7 이상(윤철호·최광돈, 2015; 이수경·김기옥, 2019)을 기준으로 제안하고 있다. 〈표 20〉에 따르면 AVE와 ω 계수 모두 기준을 상회하여 Factor 모듈에 의한 확인적 요인분석과 마찬가지로 집중타당성은 문제가 없는 것으로 나타났다. ω 계수를 산출하는 R Lavaan 패키지를 활용한 논문에서 여전히 전통적인 개념신뢰도(CR)를 같이 보고하는 경향이 있다(이수경·김기옥, 2019). 집중타당성과 관련하여 ω만 보고할 것인지, 번거롭지만 전통적인 개념신뢰도(Fornell & Larcker, 1981)를 계산하여 병기할 것인지는 투고하고자 하는 저널의 기존 논문들을 참고하기 바란다.

표 21. 신뢰도

Reliability indices

Variable	α	ω_1	ω_2	ω_3	AVE
dem60	0.859	0.828	0.828	0.833	0.591
dem65	0.883	0.844	0.844	0.843	0.627
ind60	0.902	0.944	0.944	0.944	0.859

〈표 22〉는 최근 판별타당성 지표로 권장되는 Heterotrait-monotrait(HTMT) 상관비율이다. 판별타당성 지표로 자주 언급되고 있는 Fornell과 Larcker(1981)의 기준보다 더 엄격한 지표로 평가받는 HTMT 상관비율은 1에 가까울수록 판별타당성이 결여되어 있음을 나타낸다. 따라서 HTMT 값이 기준값 0.85(Kline, 2011) 또는 0.9(Gold, Malhotra & Segars, 2015)를 초과하면 판별타당성이

부족하다고 결론을 내릴 수 있다. 〈표 21〉을 살펴보면 dem60과 dem65 간의 HTMT 상관비율이 0.98로 판별타당성에 문제가 있는 것으로 드러났다. 이는 앞서 Factor 모듈의 확인적 요인분석 결과를 기반으로 계산하는 Fornell과 Larcker 기준에서도 유사한 결과가 나왔다. 이는 앞서 설명했듯이 비교적 짧은 시간 내에 정치적 환경이 급변하는 경우가 많지 않다는 측면에서 보면 두 잠재변인 dem60과 dem65 사이에는 시계열적으로 연속성을 갖기 때문에 밀접한 연관성을 갖고 있어 판별타당성이 부족한 것으로 보인다. 판별타당성 역시 집중타당성과 마찬가지로 HTMT 상관비율을 보고할 것인지, 전통적인 방법인 Fronell과 Larcker(1981)의 방법 또는 Gefen과 Staub(2005)의 방법으로 보고할 것인지는 투고할 저널의 기존 논문을 참고하기를 바란다.

표 22. HTMT 상관비율

Heterotrait-monotrait (HTMT) ratio of correlations

	dem60	dem65	ind60
dem60	1.000	0.981	0.421
dem65	0.981	1.000	0.550
ind60	0.421	0.550	1.000

〈표 23〉은 다변량의 정규성을 검증하기 위한 왜도(Skewness)와 첨도(Kurtosis) 값을 보여주는 Mardia's Coefficients(Mardia, 1970) 결과를 보여주는데, 이는 앞서 추정방법 설정에서 최대우도법(Maximum Likelihood, ML)을 사용하기 위한 가정을 체크하는 방법 중 하나다. 따라서 구조방정식모형분석이나 확인적 요인분석을 수행할 때 다변량 정규성 검증을 권고하는데, Mardia의 계수가 유의하면($p < 0.05$) 다변량정규분포가 아닐 수 있다. Mardia 계수의 유의성 검정만으로 구조방정식모형분석에서 정규성을 실질적으로 평가할 수 없다. Mardia

검증은 표본의 크기에 매우 민감하여 표본 크기가 매우 클 경우 구조방정식모형분석에서는 Mardia 계수가 거의 항상 유의하기 때문이다. 따라서 Mardia 계수의 유의성 검증과 함께 개별변수의 첨도 값을 함께 사용하기를 권고하는데 (Stevens, 2009) 이때 첨도 값(Kurosis)이 3 이상이면 변수가 정규분포가 아닐 수 있다(Westfall & Henning, 2013). 최근 다변량정규분포 가정을 요구하지 않는 Robust Maximum Likelihood Estimation 방법이 개발되면서 오히려 Mardia 검증이 이 방법 사용을 위한 근거로 쓰이는 경향이 있다.

표 23. 자료의 정규성 검증

Mardia's coefficients

	Coefficient	z	x_2	df	p
Skewness	26.5		331	286	0.035
Kurtosis	134.6	−2.16			0.031

다음으로 제시되는 결과는 〈표 24〉와 같은 수정지수(Modification indices)를 보여준다. Output options 분석상자에서 수정지수의 하한을 지정할 수 있는데, SEM 모듈에서는 10이 기본값으로 주어지고 있다. 〈표 22〉는 1차적으로 수정지수를 반영하여 측정변수끼리 공분산을 이미 설정하였기 때문에 수정지수가 높게 산출되는 변수쌍은 없다.

표 24. 수정지수

Modification indices

			Modif. index	EPC	sEPC (LV)	sEPC (all)	sEPC (nox)
ind60	=~	y4	4.72894	0.856	0.574	0.172	0.172
dem65	=~	y4	4.39575	1.451	3.114	0.936	0.936
y1	~~	y5	3.92300	0.634	0.634	0.330	0.330
y2	~~	x1	2.99944	−0.153	−0.153	−0.193	−0.193
dem60	=~	y5	2.91345	−1.075	−2.418	−0.932	−0.932
y1	~~	y3	2.49486	0.711	0.711	0.243	0.243
dem60	=~	y7	2.46287	1.252	2.814	0.862	0.862
			중략				
y3	~~	x1	0.00110	−0.003	−0.003	−0.004	−0.004
dem60	=~	y8	1.76e−4	−0.009	−0.019	−0.006	−0.006

Note. expected parameter changes and their standardized forms (sEPC); for latent variables (LV), all variables (all), and latent and observed variables except for the exogenous observed variables (nox)

마지막으로 나오는 결과는 경로도(path diagram)이다. 아래 〈그림 43〉에서 볼 수 있듯이 **Path diagram** 분석상자에서 각종 옵션을 설정하면 **Factor**의 확인 적 요인분석 모듈과 달리 추정치들이 표시된다. 앞서도 언급했듯이 이러한 장점 때문에 SEM 모듈을 활용한 확인적 요인분석을 권장한다.

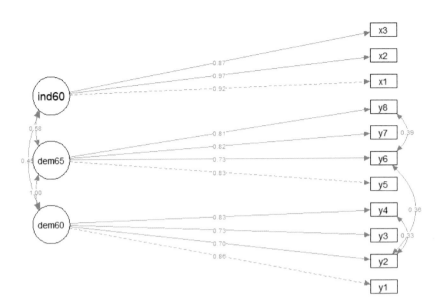

그림 43. SEM 모듈을 활용한 확인적 요인분석의 경로도

6장

구조방정식모형분석

6장 구조방정식모형분석

앞서 언급했듯이 jamovi에서 구조방정식모형분석을 수행할 때, SEM(syntax)와 SEM(interactive) 두 가지의 모듈을 활용할 수 있다. 두 모듈의 사용법은 거의 유사하나 syntax 모듈은 측정모형과 구조모형 및 모형수정을 위한 공분산 설정 등에 대한 코딩이 필요하여 다소 복잡하지만 분석상자에서 몇 가지 옵션을 interactive 모듈과 다르게 설정할 수 있는 장점도 가지고 있다. 하지만 이 책은 처음 jamovi를 접하는 학습자나 연구자를 지향하기 때문에 SEM(interactive)을 활용한 구조방정식모형분석을 설명한다.

1. SEM(interactive) 모듈을 활용한 구조방정식모형분석

jamovi를 실행하고 분석할 자료를 불러온 다음, 확인적 요인분석과 마찬가지로 〈그림 44〉와 같이 SEM 탭에서 SEM(interactive)을 클릭하여 SEM 모듈

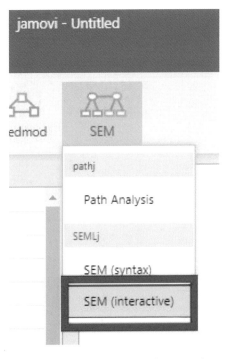

그림 44. 구조방정식모형분석을 위한 SEM(interactive) 모듈 실행

을 실행한다.

　SEM 모듈을 실행하면 구조방정식모형분석을 위한 통계 분석상자가 열린다. 분석상자가 열리면 아래 〈그림 45〉와 같이 먼저 내생잠재변수(Latent Endogenous Variables)를 설정해야 한다. 먼저 오른쪽의 내생잠재변수 창에서 첫 번째 내생잠재변수의 이름을 dem60으로 정하고(1번) 다음으로 왼쪽 창의 측정변인 목록에서 y1부터 y4의 변수를 선택하여(2번) 화살표(→)를 클릭하여 (3번) 오른쪽 창으로 옮긴다(4번). 두 번째 내생잠재변수를 구성하기 위해 **Add New Latent**를 클릭하여(5번) **Endogenous 2**를 생성한 후 이를 다시 클릭하여 새로운 내생잠재변수 이름을 dem65로 타이핑한다(6번). 그리고 왼쪽 측정변수 목록에서 y5부터 y8까지 변수를 선택하고(7번) 화살표를 클릭하여(8번) 오른쪽 내생잠재변수 창으로 옮기면 내생잠재변수의 구성은 완료된다.

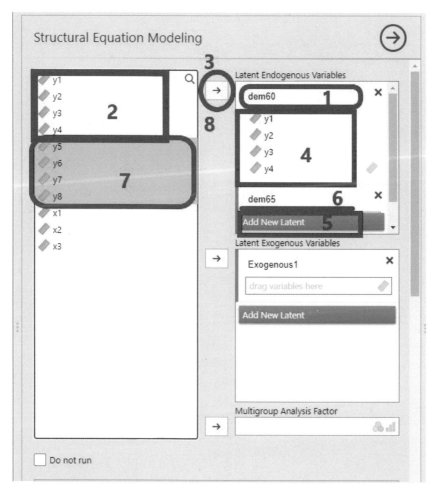

그림 45. 내생잠재변수의 설정

다음으로 〈그림 46〉과 같이 외생잠재변수(Latent Exogenous Variables)를 설정한다. 내생잠재변수 설정과 마찬가지로 우선 Latent Exogenous Variable 창의 Exogenous 1을 클릭하여 외생잠재변수의 이름(ind60)을 지정한다(1번). 이어서 왼쪽의 측정변수 목록에서 x1부터 x3까지 변수를 선택하여(2번) 화살표(→)를 클릭하여(3번) 외생잠재변수 창으로 이동시킨다(4번). 만약에 외생잠재

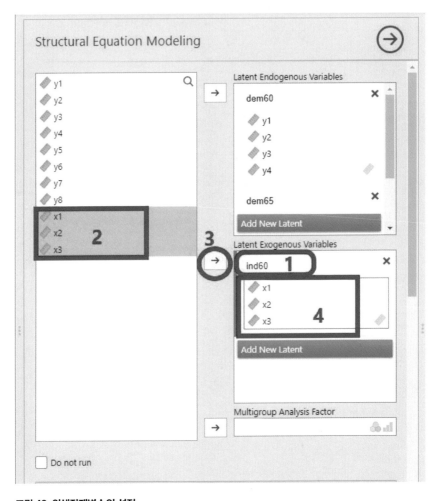

그림 46. 외생잠재변수의 설정

114

변수가 여러 개일 때는 앞서 설명한 내생잠재변수 설정과 같은 순서대로 진행하면 된다.

내생잠재변수와 외생잠재변수의 설정, 즉 측정모형을 설정한 다음 구조모형을 설정해야 한다. 〈그림 47〉과 같이 먼저 Endogenous models 분석상자를 열고 왼쪽의 Defined Factors 창에서 ind60을 선택하고(1번) 화살표(→)를 클릭하여(2번) 오른쪽의 Endogenous Variables Models 창의 첫 번째 내생잠재변수인 dem60(Endogenous=dem60)으로 이동한다(3번). 이어서 왼쪽 Defined Factors 창의 dem60(4번)을 화살표를 이용하여(5번) 오른쪽 창의 내생잠재변수인 dem65(Endogenous=dem65)로 옮긴다(6번). 계속하여 ind60을 선택하여(7번) 화살표를 클릭하여(8번) 내생잠재변수 ind60으로 이동시키면(9번) 구조모형 설정이 완료된다.

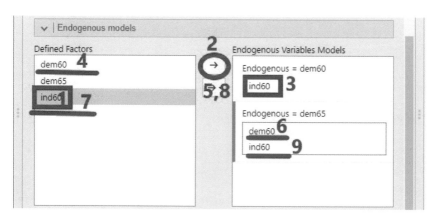

그림 47. 구조모형의 설정

구조모형을 설정한 다음 〈그림 48〉과 같이 Model options 분석상자에서 추정(Estimation) 방법(Method)을 설정한다. 기본 설정은 Automatic으로 설정되어 있지만, 확인적 요인분석에서 설명했듯이 일반적으로 Maximum Likelihood(ML)를 선택하고 Data의 결측치(Missing values)는 마찬가지로 FIML을 선택한다.

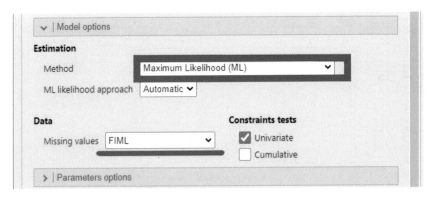

그림 48. 구조방정식모형분석에서 추정방법 및 결측치 설정

다음 〈그림 49〉와 같이 Parameter options 분석상자에 모수치 추정 관련 사항을 선택한다. 이 역시 확인적 요인분석에서 설명했듯이 Standard Errors는 Automatic이 기본 설정이나 Bootstrap을 선택하고 부트스트랩 횟수(Bootstrap Rep.)는 2,000회 이상으로 설정한다(노경섭, 2019). 절편을 설정하는 Intercepts에서는 기본 설정대로 진행하면 된다. 여기서 Latent variables를 선택하고 Output options에서 Modification indices를 선택하면 수정지수가 산출되지 않고 오류가 나타나기 때문에 주의해야 한다. 그리고 간접효과와 관련하여 결과로 출력하기 위해서 Estimates의 Indirect Effects를 선택하면 된다. Scale/standardize variables도 확인적 요인분석과 마찬가지로 기본 설정인 Latent vars.: Fix first indicator(to 1)을 그대로 두면 된다.

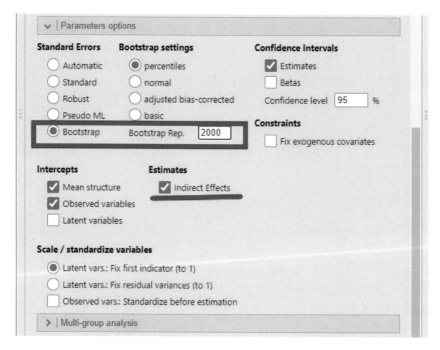

그림 49. 구조방정식모형분석 모수치 추정 설정

　다음으로 〈그림 50〉과 같이 결과 출력에 관한 설정인 Output options 분석 상자에 대해 살펴보면, 확인적 요인분석과 마찬가지로 Additional outputs에서 추가적인 적합도 지수를 출력하는 Additional fit measures와 다변량 정규성 검증인 Mardia's coefficients, 신뢰도와 개념신뢰도 ω 값들과 AVE 출력을 위한 Reliability indices, 판별타당성을 검증할 수 있는 HTMT 상관비율 출력을 하기 위해서 모두 선택한다. 그리고 수정지수 출력을 위해 Modifications indices 역시 선택한다. 수정지수 출력과 관련하여 주의 사항을 다시 한번 강조하면 앞서 설명한 Parameters options 분석상자의 Intercepts에서 Latent variables를 선택하면 수정지수 출력에 오류가 나타난다. 그리고 설명력 출력을 위한 R-squared 에서 All을 선택한다. R^2 출력을 위한 설정에서 주의할 점은 수정지수를 활용하여 Variance and Covariance 분석상자에서 측정변수쌍의 공분산을 설정할 때, 자칫 과도하게 수정지수에 의존하여 불필요한 변수쌍에 공분산을 설정할 경우 잠재변수의 설명력 값(R^2)이 출력되지 않는 오류가 발생하기도 한다. 이를 방지하기 위해서 공분산 설정을 한 쌍씩 순차적으로 각종 지표를 확인하며 설정해야 한다.

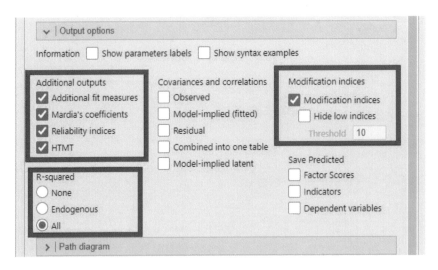

그림 50. 구조방정식모형분석의 분석결과 출력 설정

다음은 〈그림 51〉의 구조방정식모형분석의 경로도 출력을 위한 **Path diagram**을 살펴보자. 확인적 요인분석에서의 경로도 설정과 마찬가지로 경로도 출력을 위해서는 Path diagram을 선택하고 **Paths**에서 Betas를 선택한다. 경로도 방향과 모양은 **Layout**에서 여러 가지를 시도해 볼 있다. 투고하고자 하는 저널을 참고하거나 연구자가 적절하다고 판단되는 방향과 모양을 선택하기 바란다. **Nodes**도 여러 가지를 시도해 볼 수 있으나 기본 설정이 전통적이고 무난하다.

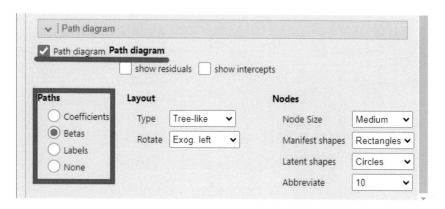

그림 51. 구조방정식모형분석의 경로도 출력 설정

마지막 분석상자는 〈그림 52〉와 같은 Variances and covariances이다. 이 분석상자에서는 확인적 요인분석과 마찬가지로 수정지수를 확인한 후 모형의 적합도를 향상하기 위해 변수쌍에 공분산 설정을 한다. 예컨대, 수정지수에서 기준치[3]를 초과한 변수쌍을 확인하고 우선 수정지수가 가장 큰 변수쌍을 왼쪽 변수 목록에서 오른쪽 Select pairs 창으로 이동시킨다(1~6번). 그리고 모형 적합도를 확인하여 모형 적합도의 개선 정도를 파악한 후 다시 수정지수를 확인하고 다음 변수쌍에 대해 동일한 과정을 거친 후 모형 적합도 개선 정도를 파악한다. 이때 유의할 점은 이론에 기반하여 공분산을 설정해야 한다는 점과 그리고 앞서 언급했듯이 지나치게 수정지수에 의존하여 불필요한 변수쌍에 공분산을 설정하면 잠재변수의 설명력(R^2) 값이 출력되지 않는 경우가 발생할 수 있다. 이 책 사례의 경우, 구조방정식모형분석 후 모형 적합도(특히, SRMR과

---

3   수정지수는 앞서 언급했듯이, 적어도 5 이상(Jöreskog & Sorbom, 1993; 김계수, 2004), 보수적 인 경우 10 이상(김계수, 2004)을 권고한다. 이에 맞춰 통계 소프트웨어에 따라 수정지수 출력의 하한값을 설정할 수 있도록 특정 값을 제공한다. AMOS에서는 이 하한값에 4를 제안하고 있고 jamovi에서는 10을 제안하고 있다.

RMSEA)에서 약간의 개선이 필요할 것으로 판단되어, 최초의 수정지수를 확인 결과 아래 〈그림 52〉에서 볼 수 있듯이 y2와 y6 쌍의 수정지수가 애초 약 10으로 가장 높아 공분산을 설정하였더니 모형의 적합도 특히 SRMR과 RMSEA가 기준치 내로 들어왔다. 다시 수정지수를 확인해 본 결과 y6과 y8 쌍의 수정지수가 10을 상회하여 추가로 두 변수 사이에 공분산을 설정하였더니, 거의 모든 적합도 지수가 기준치를 만족시켰다. 추가로 다음으로 수정지수가 높은 변수쌍에 공분산을 설정하였더니 적합도 지수에서 미미한 개선은 있었으나 잠재변수의 설명력(R^2)이 출력되지 않는 경우가 발생하여 공분산 설정을 중단하고 〈그림 52〉와 같이 두 개의 변수쌍(y2-y6, y6-y8)에 대해서만 공분산을 설정하여 최종적으로 분석하였다.

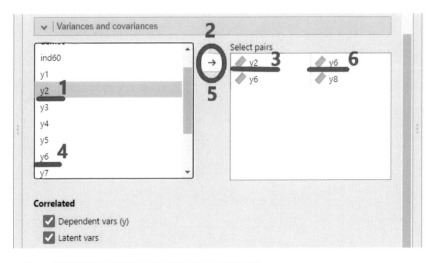

그림 52. 구조방정식모형분석의 모형수정을 위한 공분산 설정

2. SEM(interactive) 모듈을 활용한 구조방정식모형분석의 결과

SEM(interactive) 모듈을 활용하여 구조방정식모형분석을 수행한 결과 역시 확인적 요인분석과 마찬가지로 모형 정보(Model Info)가 가장 먼저 제시된다. 〈표 25〉에서 볼 수 있듯이 Model Info에는 Model options 분석상자에서 설정한 모형 추정방법(Estimation Method)인 최대우도법(ML)을 출력하고 있다. 다음으로 R언어의 최적화 방법(Optimization Method) 가운데 NLMINB를 활용했음을 보여주고 있다. 이어서 표본수(Number of observation)가 75개, 모형 예측에 투입된 자유모수(Free parameters)가 38개임을 출력하고 있다. 마지막으로 연구모형(Model)에서 Latent Endogenous Variables와 Latent Exogenous Variables 분석상자에서 설정한 측정모형과 Endogenous models 분석상자에서 설정한 구조모형 및 Variances and covariances 분석상자에서 설정한 공분산 쌍을 R 신택스(syntax)로 출력하고 있다.

표 25. 구조방정식모형분석의 모형정보

Models Info	
Estimation Method	ML
Optimization Method	NLMINB
Number of observations	75
Free parameters	38
Standard errors	
Scaled test	None
Converged	TRUE
Iterations	64
Model	ind60=~x1+x2+x3
	dem60=~y1+y2+y3+y4
	dem65=~y5+y6+y7+y8
	dem60~ind60
	dem65~ind60+dem60
	y2~~y6
	y6~~y8

이어서 전체적인 모형의 검증(Overall Tests)을 보여주는 각종 표들이 출력된다. ⟨표 26⟩은 전체적인 모형 적합도(Model tests)를 알아보기 위한 x^2 검증 통곗값을 보여준다. 연구자가 설정한 모형(User Model)의 x^2 값은 52.3, 자유도(df)가 39, p 값이 유의수준 0.05보다 큰 0.075이기 때문에 영가설 "연구모형은 자료에 적합하다(노경섭, 2019, p.397)"가 기각되지 않아 설정한 연구모형은 전체적으로 적합하다. 즉 설정된 모형이 자료를 잘 반영하고 있거나 또는 표본이 모집단을 잘 대표하는 것으로 해석할 수 있다(배병렬, 2007).

표 26. x^2 검증 통곗값

Label	X^2	df	p
Model tests			
User Model	52.3	39	0.075
Baseline Model	730.7	55	⟨ .001

확인적 요인분석과 마찬가지로 계속해서 각종 모형 적합도 지수를 〈표 27〉,
〈표 28〉 및 〈표 29〉로 출력한다. 모형 적합도 기준값은 앞의 〈표 16〉을 참고하
기 바란다. 모형 적합도 기준에 따르면 대체적으로 만족할 만한 수준으로 나타
났다.

표 27. 모형의 적합도1

Fit indices

SRMR	RMSEA	95% Confidence Intervals		RMSEA p
		Lower	Upper	
0.044	0.067	0.000	0.111	0.265
0.044	0.067	0.000	0.111	0.265

표 28. 모형의 적합도2

User model versus baseline model

	Model	Robust
Comparative Fit Index (CFI)	0.980	0.980
Tucker-Lewis Index (TLI)	0.972	0.972
Bentler-Bonett Non-normed Fit Index (NNFI)	0.972	0.972
Relative Noncentrality Index (RNI)	0.980	0.980
Bentler-Bonett Normed Fit Index (NFI)	0.928	
Bollen's Relative Fit Index (RFI)	0.899	
Bollen's Incremental Fit Index (IFI)	0.981	
Parsimony Normed Fit Index (PNFI)	0.658	

표 29. 모형의 적합도3

Additional fit indices	
	Model
Hoelter Critical N (CN), a=0.05	79.239
Hoelter Critical N (CN), a=0.01	90.501
Goodness of Fit Index (GFI)	0.994
Adjusted Goodness of Fit Index (AGFI)	0.988
Parsimony Goodness of Fit Index (PGFI)	0.504
McDonald Fit Index (MFI)	0.915
Expected Cross-Validation Index (ECVI)	1.711
Loglikelihood user model (H0)	−1554.885
Loglikelihood unrestricted model (H1)	−1528.728
Akaike (AIC)	3185.770
Bayesian (BIC)	3273.834
Sample-size adjusted Bayesian (SABIC)	3154.068

계속해서 〈표 30〉과 같이 변수들의 설명력을 보여주는 다중상관자승 R^2 값을 출력해 준다. 앞서 언급했듯이 측정모형에서 R^2 값이 크면 잠재변수의 측정치로서 좋은 관찰변수가 사용되었으며 측정모형이 잘 가설화되었음을 의미한다. 그리고 구조모형에서 R^2 값이 크다는 것은 내생잠재변수가 외생잠재변수 및 내생잠재변수들에 의해 설명이 잘 되었음을 의미한다(배병렬, 2002, 2007).

표 30. 측정변수와 잠재변수의 설명력

R^2

Variable	R^2
x1	0.847
x2	0.946
x3	0.761
y1	0.727
y2	0.540
y3	0.529
y4	0.728
y5	0.674
y6	0.537
y7	0.671
y8	0.672
dem60	0.204
dem65	0.992

계속해서 추정치(Estimates)들이 출력되는데, 구조모형과 측정모형의 추정 치들이 표준화 추정치와 비표준화 추정치로 분리되어 출력되는 AMOS의 결 과와는 달리 구조모형과 측정모형의 추정치들이 각각의 표로 비표준화 추정 치(Estimate)와 비표준화 추정치(β)로 출력된다. 〈표 31〉은 구조모형의 추정 치이고 〈표 32〉는 측정모형의 추정치를 보여준다. 〈표 33〉은 잔차의 공분산 (Estimate)과 상관계수(β)를 출력한다. 이어서 〈표 34〉와 같은 측정변수의 절 편(intercept) 표를 출력한다.

표 31. 구조모형의 추정치

Parameters estimates

Dep	Pred	Estimate	SE	95% Confidence Intervals		β	z	p
				Lower	Upper			
dem60	ind60	1.497	0.3487	0.7552	2.14	0.451	4.29	⟨.001
dem65	dem60	0.871	0.0845	0.7094	1.04	0.908	10.30	⟨.001
dem65	ind60	0.536	0.2455	0.0713	1.07	0.169	2.18	0.029

표 32. 측정모형의 추정치

Measurement model

Latent	Observed	Estimate	SE	95% Confidence Intervals		β	z	p
				Lower	Upper			
ind60	x1	1.00	0.000	1.000	1.00	0.920		
	x2	2.18	0.148	1.907	2.50	0.973	14.70	⟨.001
	x3	1.82	0.144	1.544	2.13	0.872	12.61	⟨.001
dem60	y1	1.00	0.000	1.000	1.00	0.853		
	y2	1.29	0.159	1.010	1.65	0.735	8.14	⟨.001
	y3	1.07	0.129	0.836	1.34	0.727	8.25	⟨.001
	y4	1.28	0.134	1.058	1.58	0.853	9.53	⟨.001
dem65	y5	1.00	0.000	1.000	1.00	0.821		
	y6	1.15	0.179	0.830	1.55	0.733	6.42	⟨.001
	y7	1.26	0.174	0.979	1.66	0.819	7.24	⟨.001
	y8	1.24	0.184	0.918	1.67	0.820	6.73	⟨.001

표 33. 잔차의 공분산과 상관계수

Variances and Covariances

Variable 1	Variable 2	Estimate	SE	95% Confidence Intervals		β	z	p
				Lower	Upper			
y2	y6	2.2415	0.8613	0.4948	4.028	0.37038	2.602	0.009
y6	y8	1.6005	0.7679	0.2512	3.296	0.38053	2.084	0.037
x1	x1	0.081	0.018	0.0436	0.114	0.1528	4.493	<.001
x2	x2	0.1218	0.0736	-0.0205	0.261	0.05411	1.656	0.098
x3	x3	0.4668	0.0823	0.2924	0.627	0.23942	5.674	<.001
y1	y1	1.853	0.3709	1.148	2.568	0.27303	4.996	<.001
y2	y2	7.0555	1.3137	4.3251	9.572	0.46046	5.371	<.001
y3	y3	5.0066	1.0356	2.9334	7.06	0.4714	4.835	<.001
y4	y4	3.0081	0.7295	1.5428	4.415	0.27175	4.123	<.001
y5	y5	2.1968	0.5288	1.2046	3.316	0.32619	4.154	<.001
y6	y6	5.191	0.9488	3.3595	7.057	0.46313	5.471	<.001
y7	y7	3.5017	0.6646	2.166	4.829	0.32863	5.269	<.001
y8	y8	3.4078	0.8695	1.7774	5.28	0.32788	3.919	<.001
ind60	ind60	0.449	0.0699	0.3162	0.585	1.00000	6.422	<.001
dem60	dem60	3.9281	0.7986	2.288	5.445	0.79615	4.918	<.001
dem65	dem65	0.037	0.2299	-0.4425	0.443	0.00816	0.161	0.872

표 34. 측정변수의 절편

Intercepts

Variable	Intercept	SE	95% Confidence Intervals		z	p
			Lower	Upper		
x1	5.054	0.082	4.902	5.223	61.847	⟨.001
x2	4.792	0.166	4.447	5.122	28.818	⟨.001
x3	3.558	0.158	3.264	3.883	22.558	⟨.001
y1	5.465	0.295	4.886	6.029	18.509	⟨.001
y2	4.256	0.448	3.444	5.171	9.498	⟨.001
y3	6.563	0.368	5.834	7.291	17.857	⟨.001
y4	4.453	0.386	3.721	5.211	11.520	⟨.001
y5	5.136	0.306	4.552	5.734	16.805	⟨.001
y6	2.978	0.391	2.246	3.775	7.618	⟨.001
y7	6.196	0.372	5.454	6.891	16.656	⟨.001
y8	4.043	0.372	3.300	4.808	10.858	⟨.001
ind60	0.000	0.000	0.000	0.000		
dem60	0.000	0.000	0.000	0.000		
dem65	0.000	0.000	0.000	0.000		

이어서 추가 결과(Additional outputs)에서는 각종 신뢰도 지수 〈표 35〉와 HTMT 상관비율 〈표 36〉 및 다변량 정규성 검증을 위한 Mardia의 계수 〈표 37〉을 출력한다. 이들 표에 대한 해석은 위에서 언급한 SEM 모듈을 활용한 확인적 요인분석을 참고하기를 바란다.

표 35. 신뢰도

Reliability indices

Variable	α	ω_1	ω_2	ω_3	AVE
ind60	0.902	0.944	0.944	0.944	0.858
dem60	0.859	0.863	0.863	0.862	0.614
dem65	0.883	0.849	0.849	0.849	0.633

표 36. HTMT 상관비율

Heterotrait-monotrait (HTMT) ratio of correlations			
	ind60	dem60	dem65
ind60	1.000	0.421	0.550
dem60	0.421	1.000	0.981
dem65	0.550	0.981	1.000

표 37. 자료의 정규성 검증

Mardia's coefficients					
	Coefficient	z	x^2	df	p
Skewness	26.5		331	286	0.035
Kurtosis	134.6	−2.16			0.031

계속해서 Modification indices에서 변수쌍의 수정지수를 출력한다. 아래 〈표 38〉의 수정지수는 초기의 수정지수 중 y2-y6 및 y6-y8 변수쌍에 대하여 Variances and covariances 분석상자에서 이미 공분산을 설정한 후의 최종적 수정지수를 출력하고 있다.

표 38. 수정지수

Modification indices							
			Modif. index	EPC	sEPC (LV)	sEPC (all)	sEPC (nox)
y2	~~	y4	8.36558	1.774	1.774	0.385	0.385
y1	~~	y5	6.24469	0.774	0.774	0.383	0.383
ind60	=~	y4	3.33289	0.786	0.527	0.158	0.158
y1	~~	y3	3.14463	0.781	0.781	0.256	0.256
dem65	=~	y4	3.05818	1.425	3.037	0.913	0.913
			중략				
y3	~~	y5	0.00123	−0.016	−0.016	−0.005	−0.005
x3	~~	y2	2.34e-4	0.003	0.003	0.002	0.002

Note. expected parameter changes and their standardized forms (sEPC); for latent variables (LV), all variables (all), and latent and observed variables except for the exogenous observed variables (nox)

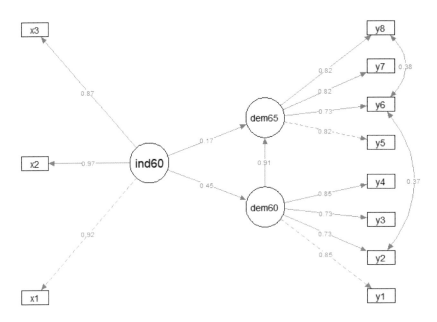

그림 53. 구조방정식모형분석의 경로도

마지막으로 Path Model에서 〈그림 53〉과 같은 경로도를 출력한다. Path diagram 분석상자에서 설정한 표준화 추정치들과 공분산을 설정한 측정변인들의 상관계수를 출력해 준다.

앞에서 살펴본 바와 같이 구조방정식모형분석의 결과는 여러 가지 지표와 다양한 표를 출력한다. 이러한 지표나 표 가운데 논문에 보고해야 할 사항에 대해서는 투고하는 저널의 기존 논문을 참고하여 보고하기를 바란다. 구조방정식모형 분석에 대한 결과 보고는 2단계접근방법(two-step approach) 또는 2단계분석(two-step analysis)(Anderson & Gerbing, 1988; Kenny, 1979; Williams & Haxer, 1986; 배병렬, 2002, 2007), 즉 측정모형을 먼저 추정하고, 그 다음 구조모형을 추정하는 접근법으로 구조방정식모형분석의 결과를 보고하는 경우가 있다. 2단계접근법을 선호하는 학자들은 지표 신뢰도의 정확한 추정은 구조모형과 측정모형의 상호작용을 회피하는 2단계분석에서 가장 잘 달성된다고 주장한다. 측정모형과 구조모형을 분리하게 되면 모형을 진실하게 평가할 수 없으나 추정에 있어 개념 내 효과 대 개념 간 효과를 고려함으로써 해석상 혼동(interpretational confounding)을 줄일 수 있다고 주장한다(Burt, 1976; 배병렬, 2002, 2007). 반면에 측정모형과 구조모형을 분리하지 않고 동시에 추정하는 1단계접근법(one-step approach) 또는 1단계분석(one-step analysis)을 지지하는 학자들도 있다. 1단계접근은 구조모형과 측정모형이 강한 이론적 근거를 갖고 있으며, 신뢰도가 매우 높은 측정치를 갖고 있는 경우에 적합하다. 이러한 경우, 관계를 보다 정확히 파악할 수 있고 구조모형과 측정모형이 상호작용할 가능성이 감소한다. 그러나 측정도구의 신뢰도가 떨어지고 이론이 단지 시험적인 모델이라면 구조모형과 측정모형의 해석 가능성을 최대화하기 2단계접근법을 고려할 것을 권고한다(Anderson & Gerbing, 1992; Fornell & Yi, 1992a, 1992b; 배병렬, 2002, 2007). 이 책에서는 2단계접근의 관점에서 확인적 요인분석과 구조방정식모형분석을 분리하여 설명하였다. 두 접근법 가운데 선택은 연구의 성격에 따라 결정하기를 권하지만 jamovi의 SEM 모듈은 앞서 설명했듯이 측정모형과 구조모형의 결과를 분리하여 한 번에 APA 스타일로 출력해 주기 때문에 확인적 요인분석과 구조방정식모형분석을 분리해서 실행하지 않아도 되는 장점이 있다.

강진희 · 엄동란. (2018). 『처음 시작하는 R 데이터 분석』: 한빛미디어.

김계수. (2004). 『AMOS 구조방정식 모형분석』: SPSS아카데미.

김주환 · 김민규 · 홍세희. (2009). 『구조방정식모형으로 논문 쓰기』: 커뮤니케이션 북스

김희준. (2023.5.6.). 실무에서 놓치면 안 되는 데이터 분석 도구 Top7. https:// boardmix.com/kr/reviews/data-analytics-tools/

노경섭. (2019). 『제대로 알고 쓰는 논문 통계분석 SPSS & AMOS』(개정증보판): 한빛아카데미.

배병렬. (2002). 『구조방정식모델 이해와 활용-LISREL』: 대경.

배병렬. (2007). 『AMOS 7에 의한 구조방정식모델링: 원리와 실제』: 청람.

설현수. (2022). 『jamovi 통계프로그램의 이해와 활용』(3판): 학지사.

성태제. (2019). 『현대기초통계학 이해와 적용: jamovi/한글 SPSS 25.0을 이용한 자료 분석』: 학지사.

오세종. (2019). 『모두를 위한 R 데이터 분석 입문』: 한빛미디어.

오세종 · 신현석. (2022). 『난생처음 R 코딩 & 데이터 분석』: 한빛미디어.

위키백과. (2023). SPSS. https://ko.wikipedia.org/wiki/SPSS

윤철호 · 최광돈. (2015). R을 이용한 공분산 기반 구조방정식 모델링 튜토리얼: Lavaan 패키지를 중심으로. *Journal of Digital Convergence, 13*(10), 121-133.

이수경 · 김기옥. (2019). 감성적 소비와 이성적 소비: 소비태도와 소비행복의 비교. *Family and Environment Research, 57*(2), 185-199. doi:dx.doi. org/10.6115/fer.2019.013.

홍세희. (2003). 구조 방정식 모형의 원리와 응용. 『경영학 연구조사방법 뉴트렌 드』: 이화여자대학교 경영연구소

Anderson, J. C., & Gerbing, D. W. (1988). Structural Equation Modeling in Practice: A Review and Recommended Two-Step Approach. *Psychological Bulletin, 103,* 411-423.

Anderson, J. C., & Gerbing, D. W. (1992). Assumptions and Comparative Strengths of the Two-Step Approach: Comment on Fornell and Yi. *Sociological Methods and Research, 20,* 321-333.

Bagozzi, R. P., & Yi, Y. (1988). On the evaluation of structural equation models. *Journal of the Academy of Marketing Science, 16*(1), 74-94. doi:doi. org/10.1177/009207038801600107

Becon, D. R., Sauer, P. L., & Young, M. (1995). Composite reliability in structural equations modeling. *Educational and Psychological Measurement, 55*(3), 394-403. doi:doi.org/10.1177/0013164495055003003

Bentler, P. M. (1990). Comparative Fit Indexes in Structural Models. *Psychological Bulletin, 107,* 238-246.

Burt, R. S. (1976). Interpretational Confounding of Unidimensional Variables in Structural Equation Modeling. *Sociological Methods and Research, 5,* 3-51.

Dunn, R. J., Baguley, T., & Brunsden, V. (2014). From alpha to omega: A practical solution to the pervasive problem of internal consistency estimation. *British Journal of Psychology, 105*(3), 399-412. doi:doi.org/10.1111/bjop.12046

Fornell, C., & Larcker, D. F. (1981). Evaluating structural equation models with unobservable variables and measurement error. *Journal of Marketing Research, 18*(1), 39-50. doi:doi.org/10.2307/3151312

Fornell, C., & Yi, Y. (1992a). Assumptions of the Two-Step Approach: Reply to Anderson and Gerbing. *Sociological Methods and Research, 20,* 334-339.

Fornell, C., & Yi, Y. (1992b). Evaluating Structural Equation Models with Unobservable Variables and Measurement Error. *Journal of Marketing Research, 18*(February), 39-50.

Free Software Foundation(FSF). (1999). GNU 프로젝트. https://www.gnu.org/gnu/thegnuproject.ko.html

Free Software Foundation(FSF). (2023.5.6.). GNU PSPP. https://www.gnu.org/software/pspp/

Gallucci, M., & Jentschke, S. (2021). SEMLj: jamovi SEM Analysis. [jamovi module]. For help please visit https://semlj.github.io/

Gefen, D., & Staub, D. W. (2005). A practical guide to factorial validity using PLS-Graph: Tutorial and annotated example. *Communications of the Association for Information Systems, 16*(1), 91-109. doi:doi.org/10.17705/ICAIS.01605

Gold, A. H., Malhotra, A., & Segars, A. (2015). Knowledge Management: An Organizational Capabilities Perspective. *Journal of Management Information Systems, 18,* 185-214. doi:doi.org/10.1080/07421222.2001.11045669

jamovi, https://www.jamovi.org/about.html

Jöreskog, K. G. (1973). A general method for estimating a linear structural equation system. In A. S. Goldberger & O. D. Duncan (Eds.), *Structural equation models in the social sciences* (pp.85-112). NY: Seminar Press.

Jöreskog, K. G., & Sorbom, D. (1993). *LISREL & User's Reference Guide:* Scientific Software Inc.

Kenny, D. A. (1979). *Correlation and Causality.* New York: Wiley.

Kline, R. B. (2011). *Principles and Practice of Structural Equation Modeling* (3rd ed.). NY: The Guilford Press.

Lee., I. H. (2020). EasyFlow Statitics macro. https://doi.org/10.22934/StatEdu.2020.01.

Mardia, K. V. (1970). Measures of multivariate skewness and kurtosis with applications. *Biometrika, 57,* 519-530.

McDonald, R. P., & Marsh, H. W. (1990). Choosing a Multivariate Model: Noncentrality and Goodness of Fit. *Psychological Bulletin, 107,* 247-255.

Padilla, M. A., & Divers, J. (2016). A comparison of composite reliability estimators: Coefficient Omega confidence intervals in the current literature. *Educational and Psychological Measurement, 76*(3), 436-453. doi:doi.org/10.1177/0013164415593776

Steiger, J. H. (1990). Structural Model Evaluation and Modification: An Interval Estimation Approach. *Multivariate Behavioral Research, 25,* 173-180.

Stevens, J. P. (2009). *Applied multivariate statistics for the social sciences* (5th ed.). Mahwah, NJ: Routledge Academic.

Viladrich, C., Angulo_Brunet, A., & Doval, E. (2017). A journey around alpha and omega to estimate internal consistency reliability. *Annals of Psychology, 33*(3). doi:doi.org/10.6018/analesps.33.3.268401

Westfall, P. H., & Henning, K. S. S. (2013). *Texts in statistical science: Understanding advanced statistical methods.* Boca Raton, FL: Taylor & Francis.

Williams, L. J., & Haxer, J. T. (1986). Antecedents and Consequences of Organizational Turnover: A Reanalysis Using a Structural Equation Model. *Journal of Applied Psychology, 71*(May), 219-231.

Zhang, Z., & Yuan, K. H. (2016). Robust coefficient alpha and omega and confidence intervals with outlying observations and missing data: Methods and software. *Educational and Psychological Measurement, 76*(3), 387-411. doi:doi.org/10.1177/0013164415594658

jamovi로 따라 하는 구조방정식모형분석

초판인쇄 2023년 11월 1일
초판발행 2023년 11월 1일

지은이 주지혁
펴낸이 채종준
펴낸곳 한국학술정보(주)
주 소 경기도 파주시 회동길 230(문발동)
전 화 031-908-3181(대표)
팩 스 031-908-3189
홈페이지 http://ebook.kstudy.com
E-mail 출판사업부 publish@kstudy.com
등 록 제일산-115호(2000. 6. 19)

ISBN   979-11-6983-781-1 93560